Pythonではじめる マテリアルズ インフォマティクス

木野 日織・ダム ヒョウチ　著

JN073729

近代科学社 Digital

はじめに

　本内容は国立研究開発法人科学技術振興機構（JST）イノベーションハブ構築支援事業の一環として発足した材料統合型物質・材料開発イニシアチブ (MI²I) 事業の成果として MI²I 関係者および MI²I コンソーシアム会員向けに 2019 年 12 月に作成した成果を元に改定を加え作成されています．MI²I の寺倉清之氏，伊藤聡氏，木原尚子氏，真鍋明氏，河西純一氏，石井真史氏，早稲田大学理工学術院 朝日透教授，物質・材料研究所 知京豊裕氏に感謝いたします．

　著者の一人である木野がマテリアルズインフォマティクス（MI）を始めたときにはデータ解析学¹の専門家でない人が MI を学ぶための Python による資料を探すのに苦労しました．現在は入門書が増えていますがこれから学ぶ人の役に立つよう本資料を作成しました．題材に関しては，例えば，あやめの特徴量，文字の頻度や家賃データでは物質科学の人が興味が持てないとの意見をいただきましたので物質科学に関するデータをなるべく用いました．筆者の専門が無機物質科学ですので残念ながら有機物質のデータは入っておりません．また，本書の内容はコンソーシアム会員および学生の質問内容，更に MI²I にて物質科学の専門家だがデータ解析学初学者が間違えやすかった事項は読者が読み飛ばさないように強調して説明しております．

　世界の MI 教育がどうなっているのかを調べると，アメリカのものづくり学科は日本のそれとは大きく異なることが分かります．例えば，MI の世界的な先駆者である Krishna Rajan 先生が学科長を務める University at Buffalo, Department of Materials Design and Innovation ではものづくり学科の正規課程としてデータ解析学を教えています．この流れによると University at Buffalo 以外でもアメリカでものづくり学科や物質科学専攻の学生はデータ解析学を駆使した解析・適用を当たり前のように用いるようになるでしょう．一方，残念ながら日本ではまだ正規過程としてデータ解析学を教えている大学は多くないでしょう．本書により日本でも物質科学専攻の学生や研究者が現代的なデータ解析学を遂行できる一助になることを祈ります．

　本書は同社より出版した「Orange Data Mining ではじめるマテリアルインフォマティクス」[1] の姉妹本として企画執筆されています．「Orange…」はデータ解析を扱えるオールインワン GUI ソフト²で十分であると考える人向けに書きました．一方，本書は Python を用いて自分でより柔軟に解析を行いたいという人向けに書いてあります．「Orange…」と同様に本書もまた，習うより慣れろという方針で理論は最低限の説明に留め，Python スクリプトの説明に多くの紙面を割いています．

　本書には三つの目的があります．一つ目の目的は scikit-learn[2] の使い方を学ぶことです．例えば，カーネルリッジ回帰の説明には以下の例が書いてあります．

```
>>> from sklearn.kernel_ridge import KernelRidge
>>> import numpy as np
>>> n_samples, n_features = 10, 5
>>> rng = np.random.RandomState(0)
```

1　インフォマティクス，データ科学，情報理論とも言われますが本書ではデータ解析学という言葉を用います。

2　オールインワン GUI ソフトには，例えば，Orange Data Mining[4] や KNIME[3] があります。

3

```
>>> y = rng.randn(n_samples)
>>> X = rng.randn(n_samples, n_features)
>>> krr = KernelRidge(alpha=1.0)
>>> krr.fit(X, y)
KernelRidge(alpha=1.0)
```

scikit-learn の説明はある程度アルゴリズムがわかっている人に向けて説明しているので初心者が例を見ても使い方どころか意味が分からないと思います．しかし，慣れるとこの程度の説明で scikit-learn におけるカーネルリッジ回帰の使い方がわかります．そのための手助けを本書で行いたいと思います．二つ目の目的はプログラミングによるデータ解析手法の適用です．データ解析学手法で何ができるかを知ると自分の問題に対して手法を組み合わせて使えるようになります．本書は scikit-learn の運用を通じて自分で手法の組み合わせができる開発者を養成するための手助けをします．自分で考えたい人向けです．そのため，手法を組み合わせた具体的な例を示します．

　三つ目の目的は帰納法の考え方に慣れるという目的です．そのために，迂遠ですが，参考文献 [5] に従い解析手法に関する科学の歴史を簡単に説明します．第一段階は帰納法による科学でデータ間の類似度から個人のひらめきにより基礎法則や原理を発見しました．この例はケプラーの法則やメンデレーフ周期律表です．第二段階は演繹法による科学で原理から方程式を解く理論中心の科学で学校で勉強するほぼ全ての科学です．第三段階は計算科学による科学で計算機を用いて演繹的にシミュレーションにより予測・再現する科学です．例えば，Gaussain などの第一原理電子状態計算や計算機によるシミュレーションです．第四段階はデータと計算機を利用した「新」帰納法による科学です．これはデータ解析学を用いた "法則"（相関）の発見を行います．

　帰納法と新帰納法の違いを説明します．帰納法では人が仮説（例えば，方程式）を立て，人が実験により原理・法則を検証します．一方，新帰納法ではこれを計算機が大量に行います．ただし，新帰納法では現状では「相関」を求めます．このため発見されるのは「法則のようなもの」です．そして「法則のようなもの」は複数あるかもしれません．また，「相関」ですので物理化学の知識がある人にとっては明らかに因果関係，もしくは法則で繋がらない変数間に高い相関が見つかることもあります．このため，演繹法主体の世界と異なり，既存知識からこの仮説は正しいはず，という考え方はしません．計算機を用いた試行錯誤で「知識」獲得を行います．

　このように演繹法の世界（理論物理や理論化学）と帰納法の世界（データ解析学）とは大きく異なります．演繹法の世界では原理を記述した方程式から導き出される「正解」の解き方が存在します．演繹法の考え方に慣れていると，データ解析学においても正解の解き方があると勘違いしてしまいます．新帰納法で扱う問題は精密な原理原則で記述できない，または，まだ原理原則が知られていない問題であり正解というものは現段階では存在しません．例えば，説明変数をどう選ぶのかという質問がよくあります．おそらく，演繹法の考え方に従い何かしら正解の説明変数選択法があるのだと考えてしまうのでしょう．データ解析学では様々な説明変数を試してみてその問題に対して妥当な手段を選択するという手順を踏むしか方法がありません．

　学生は教科書により学問を学びます．教科書というのは理論（手段）をまとめたものなので，教科書を用いて勉強すると目的より手段が先に来てしまいます．大学で理論が分かる賢い人ほど

手段を学ぶ傾向が強くなってしまいます．一方，データ解析学は実学であり目的に応じて数学・統計の知識を用いて様々な手段を研究・実行する学問です．賢いデータ解析学学者は様々な手法を知っていて，目的に応じて効果的な手法を選択します [6].

理論物理や理論化学など演繹法の世界では基礎方程式（学理）が存在し，厳密解を出すことを求められ，厳密解が求まらなければ近い解を与える近似解法が良い解法とされます．一方，データ解析学は演繹法の世界と違い，これを解けば絶対に正しいという基礎方程式が無い世界です．あるのは多種の近似手法です．しかし，例えば，AlphaGo[7] や自動運転の技術は決して厳密解，最適解を出しているわけではありませんが，人間より強い碁を打つ，事故を起こさず車を移動させるという目的を人間にとって役に立つレベルで実現しています．新帰納法を扱う考え方に慣れると手法の選択，適用，理解に戸惑わなくても済むはずです．そのための手助けを本書で行いたいと思います．

本書は以下のように成り立ちます．第一章はデータ解析学の基礎を説明します．第二章は使用するデータについて説明します．第三章は回帰，次元圧縮，分類，クラスタリングの基礎的な手法を紹介します．第四章は第三章の手法を組み合わせてより複雑な問題に適用します．多くのデータ解析学で用いるアルゴリズムは各データを記述する変数の数が等しい（等長説明変数）ことを仮定しており，第四章まではそのような理想的な場合に対する適用法を紹介します．一方，現実には，例えば，文献および自分の実験でも物質の合成条件を全て揃えたデータを得ることは難しいでしょう．このため，物質ごとに収集できる変数の数が異なる（非等長説明変数）ことが良く起こります．この非等長説明変数を持つデータに対する解析の仕方を第五章で紹介します．各節は解説，スクリプトの説明，問題から成っています。問題への解答スクリプト例はレポジトリ https://bitbucket.org/kino_h/python_mi_book_2022/src/master/ に置き，結果解釈を解答例として記載していますが，忙しい方は問題を自分で解かなくとも，問題と解答のみ読み要点を理解しても十分でしょう．本書が読者のデータ解析学の理解に役立つことを祈ります．

2022 年 8 月
木野日織, ダムヒョウチ

5

目次

第3章　基礎編

第4章　応用編1（等長説明変数)

第1章

理論編

1.1 予測問題

原理・法則が分かっている場合の演繹法による予測と帰納法による予測の説明を行います．

1.1.1 全エネルギーの予測

[1] 事前に支配法則が分かっている世界での予測

多くの結晶構造とその全エネルギー (E) が与えられた場合に E を予測する問題を考えます．結晶構造は，

- 周期構造を abc 軸長さとそれらの角度 α,β,γ で定義し，
- 更に結晶周期内の元素と原子位置を定義する

ことにより一つの結晶構造を定義します．密度汎関数法を用いた第一原理電子状態計算プログラムはこれらの構造を用いてディラック方程式やシュレディンガー方程式という「法則」を表現した式を計算して E を求めます．このように，もし，世界を支配する方程式を知っていれば，計算機の中でつくる仮想世界が現実と寸分も違わない E を

$$E_i = f(結晶構造_i)$$

により "予測" することができます．また，法則から結論を導き出すことを演繹的アプローチと呼びます．

この場合の E は得られた結晶構造を用いて「計算する」ことで得ますが，一般的には，実験値による測定で値を得る，あるいは，法則を用いた計算機実験で値を得ることができます．この行動を以下では「観測する」と書くことにします．N 個の結晶構造と全エネルギーを観測すると，この数値データは表 1.1 のようにテーブルの形でまとめることができます．

表 1.1 結晶構造と全エネルギー

結晶構造 ID	結晶構造	全エネルギー
ID_1	結晶構造$_1$	E_1
ID_2	結晶構造$_2$	E_2
ID_3	結晶構造$_3$	E_3
$\cdots$	$\cdots$	$\cdots$
ID_N	結晶構造$_N$	E_N

これら観測データの一構造（一点のデータ）をデータインスタンスといいます．構造が N 個あると，観測データのデータインスタンスの個数は N です[1]．

[2] 事前に支配法則が分かっていない世界での予測

一方，事前に支配する法則が分かっていない世界では "予測" ができるでしょうか．この場合

---

[1] 標本という言葉を用いると，上の数は標本の大きさ (sample size) です．標本数 (number of samples) とは違います．

はデータが大量にあれば，何らかの意味で「内挿」を行い予測できることが期待されます．つまり，obs を上付き添え字として加えた大量の観測値データ

$$(結晶構造_i^{obs}, E_i^{obs})$$

が用意されたら関数 f

$$E^{obs} \sim f(結晶構造^{obs})$$

を得ることができ，まだ観測されていない 結晶構造^{new} に対しても

$$E^{new} = f(結晶構造^{new})$$

により妥当な E の予測値，E^{new} が得られることが期待されます．

　この関数 f を得る過程を関数 f を「学習する」と呼びます．そして，この関数 f を「予測モデル」と呼びます．またこの関数は結晶の全エネルギー E に対する法則そのものではないのですが，結晶構造の入力に対して全エネルギー E の予測が可能という意味で法則のようなものを得たことになります．ここで，一般的な問題を考えるために前者を $\vec{x}$，後者を y と書くことにし，$\vec{x}$ を**説明変数**（もしくはデスクリプタ），y を**目的変数**と呼びます[2]．

　さて，ここでこの手法を実現する為の問題点があります．何らかの意味で「内挿」するとは具体的にはどのように関数 f を見つけるのでしょうか．まず，観測データに対して無理やり全観測データを通るように内挿した場合に何が起きるでしょうか．ある説明変数の変化に対して，観測誤差があるのが常なので，無理やり全観測データを通るように内挿した場合にはガタガタ，ギザギザした曲線ができてしまいます．これではデータから，例えば，ケプラーの法則のような簡単な関係式を求めるのは不可能でしょう．このため，誤差の影響を少なくし，多数データの持つ関係を得るために，目的変数への**相関**が高い**予測モデル**

$$y \sim f(\vec{x})$$

を求めます．具体的な求め方は後述します．

　E のような「連続変数」の目的変数に対してもっともらしい f を求めることを「回帰 (regression)」と呼びます．一方，E がしきい値 E_0 以上か否かという問題設定にすると「はい」か「いいえ」の「カテゴリー変数」になります．目的変数が離散変数の場合にもっともらしい f を求めることを「分類 (classification)」と呼び，それらの関数を回帰モデル，分類モデルと呼びます．このように観測データから目的変数と説明変数から作る高い相関を示す関数を発見するアプローチを帰納的アプローチと呼び，特に，データだけから法則を発見することをデータ駆動型アプローチとも呼びます．

　結晶から全エネルギーを予測する問題に戻ります．一般に結晶内にある原子数は結晶ごとに異なります．これを踏まえて先の表を元素，原子位置に具体的に書き直します（表 1.2 参照）．結晶構造 ID$_1$ には原子 (原子番号 Z，座標 $\vec{P}$) が一つ，結晶構造 ID$_2$ には原子が二つ，結晶構造 ID$_2$ には原子が三つ，あるとしています．

2　y もベクトルになることもありますが，今は簡単のためスカラとします．

表 1.2　結晶格子，元素原子位置と全エネルギー

結晶構造 ID	結晶格子	元素・原子	全エネルギー
ID_1	$a_1, b_1, c_1, \alpha_1, \beta_1, \gamma_1$	$((Z_1, \vec{P}_1))$	E_1
ID_2	$a_2, b_2, c_2, \alpha_2, \beta_2, \gamma_2$	$((Z_1, \vec{P}_1), (Z_2, \vec{P}_2))$	E_2
ID_3	$a_3, b_3, c_3, \alpha_3, \beta_3, \gamma_3$	$((Z_1, \vec{P}_1), (Z_2, \vec{P}_2),$ $(Z_3, \vec{P}_3))$	E_3
$\cdots$	$\cdots$	$\cdots$	$\cdots$

　ここで $y \sim f(\vec{x})$ を求める際に二つの困難があります．第一点は，物理化学的な結晶の定義の問題です．例えば，結晶格子を定義する $(a_1, b_1, c_1, \alpha_1, \beta_1, \gamma_1)$ と原子位置の軸を入れ替えても同じ結晶構造を表します．このため，上の定義は結晶構造と全エネルギーを相関として関係づけるのは困難です．第二点は結晶内原子数が異なる場合は $\vec{x}$ のサイズが等長でないということになります．この場合に対応できる関数 f を求めるのが困難です．このため，結晶格子と元素・原子位置という軸依存かつ非等長の $\vec{x}$ の定義ではなく，物理化学的な条件を満たし，同じ要素数のベクトルとして結晶構造を定義することが望まれます．

　では，どのような定義があるでしょうか．この問題は機械学習古典ポテンシャル [8] として研究がなされ既に様々な定義が提案がされています．例えば，X 線回折や中性子実験で得られる距離 R を変数とした動径分布関数（RDF）は[3]，結晶格子や元素・原子位置の並び順と無関係に結晶構造を定義することができ説明変数として用いることができます[4]．

　RDF で結晶構造を定義すると各結晶構造は $(\mathrm{RDF}(R_a), \mathrm{RDF}(R_b), \cdots, \mathrm{RDF}(R_P))$ で与えられます (図 1.1 参照)．

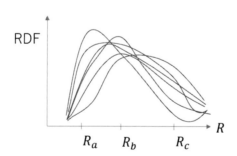

図 1.1　RDF により結晶構造を定義する．それぞれの結晶構造を線で同時に記す．

　これを表 1.3 の形に示します．$(\mathrm{RDF}(R_a), \mathrm{RDF}(R_b), \mathrm{RDF}(R_c), \cdots)$ に対応する変数 x_{ij} を**加工済み説明変数**と呼ぶことにします．これで物理学的な条件および関数 f を求めるための等長ベクトル $\vec{x}$ を定義することができました．回帰モデル手法では，N データインスタンス（加工済み）説明変数 $\vec{x}_i^{obs} = (x_{ia}, x_{ib}, \cdots, x_{iP})$ と目的変数 y_i^{obs} に対して，相関から

---

[3]　$\mathrm{RDF}(R)$ と書くことにします．

[4]　結晶構造から動径分布関数を求めるのは簡単ですが，逆に動径分布関数から複雑な結晶構造を求めることは実はとても困難な問題です．

表 1.3　加工済み説明変数と目的変数

結晶構造 ID	$RDF(R_a)$	$RDF(R_b)$	...	$RDF(R_P)$	全エネルギー
ID_1	x_{1a}	x_{1b}	...	x_{1P}	E_1
ID_2	x_{2a}	x_{2b}	...	x_{2P}	E_2
...	...	...	...	...	
ID_N	x_{Na}	x_{Nb}	...	x_{NP}	E_N

$$y \sim f(\vec{x})$$

となる関数 f を学習します．そして，新規結晶構造から作成される加工済み説明変数 $\vec{x}^{new}$ に対して，得られた予測モデル f を適用し，予測値 $y^{new} = f(\vec{x}^{new})$ を求めます．

1.2　データ解析学手法の紹介

前節の関数 f の学習をどう実行するかについて説明を加えていきます．

1.2.1　データ解析学手法の目的による分類

データ解析学[5]で使用する手法は様々な分け方がありますが，一つの分け方をここで紹介します．大きく手法により分けると以下の二つになります．

1. 既に収集されたデータを用いる解析方法
2. 随時にデータを収集しながら行う解析方法[6]

解析手法 1 を目的で分けると内部に二つの手法があります．それらを更に細分化し表 1.4 にまとめます．

表 1.4 で 1.1. とした問題の目的は予測を行うことです．これは「予測問題」とも呼ばれます．予測問題は目的変数がある問題で，この問題に適用する学習法を「教師あり学習」と呼びます．予測問題を達成する手法は回帰や分類です．教師あり学習では，目的変数値と学習済みモデルによる予測値の一致度を用いて予測モデルの妥当性を明確に定義できます．定量的な一致度（評価指標）は後ほど紹介します．

1.2. とした問題のは説明変数のみから法則性を見つけることです．これは「記述問題」とも呼ばれます．目的変数が無い問題設定であり，この問題に適用する学習法を「教師なし学習」と呼びます．記述問題を達成する手法中には，連続値説明変数に対する手法として次元圧縮やクラスタリングがあります．離散値説明変数に対する手法としてデータ集約や頻出パターンマイニングがあります．

教師なし学習では手法適用結果の妥当性を明確に定義することができません．例えば，クラス

5　機械学習，インフォマティクス，データマイニングなどの用語が用いられますが本書ではデータ解析学という言葉を用います．

6　アルゴリズムとしては随時のデータ収集に対応しますが，データ収集コストなどの問題で既に収集されたデータをのみを用いる場合もあります．

表 1.4　目的により分類したデータ解析学手法[8]

- 目的（問題）：予測（予測問題）

1.1. 目的変数がある問題：教師あり学習

- 連続値目的変数に対する手法
    - 1.1.a. 回帰：連続値の予測モデルを学習する.
- 離散値目的変数に対する手法
    - 1.1.b. 分類：離散値の予測モデルを学習する. 目的変数と関連付けて説明変数空間を分割する.

- 目的（問題）：説明変数から法則性を見つける（記述問題）

1.2. 目的変数が無い問題：教師なし学習

- 連続値説明変数に対する手法
    - 1.2.a. 次元圧縮：説明変数が持つ情報をより少ない次元に圧縮（集約）する.
    - 1.2.b. クラスタリング：説明変数空間を分割する.
    - ...
- 離散値説明変数に対する手法
    - 1.2.c. データ集約：グラフなどによりデータの関係性をまとめる.
    - 1.2.d. 頻出パターンマイニング：頻出する説明変数を取り出す.

タリングでクラスター数に関して何かしらの評価基準を考えることはできますが，そもそも答え（目的変数値）が無い解析なので，ある評価基準値が与えられたとしてもそれが何かの意味でクラスター数の妥当性を表せるのかは厳密には分かりません.

　解析手法 2 は強化学習と呼ばれます. これはある環境下で行動によって得られる報酬を最大とするように繰り返し観測データを（自動的に）収集して学習を重ねることを念頭に置いた手法です[9]. 強化学習の目的はより賢く行動できるようにすることですが，一つの副産物として，賢い行動によってより良い成果を提示することです. 本書ではベイズ最適化がこの手法に当たります.

　物質科学の場合の報酬は，全エネルギーを最低にする構造を求める，超電導転移温度を最大にする物質を求める，などです.「報酬を最大とする」が「分子内原子の力をゼロとする」の場合を詳しく考えます. 初期分子内原子座標が与えられたとして行動は力の方向に分子内原子を移動させることで，その行動の報酬は分子内原子にかかる力が小さくなること，となります. これらを繰り返し，報酬を最大＝分子内原子の力をゼロ，とします. 以上は力を計算する演繹手法でも行うことができます. しかし，「報酬を最大とする」が「結晶の最安定構造を求める」の場合に「分子内原子の力をゼロとする」のでは局所安定構造になっている可能性があります. このため何らかの形で分子内原子に対してのエネルギー空間の大域的最低値探索を行う必要があります. ベイズ最適化はこのような大域的探索問題に対しても有効な手法です.

1.2.2　データの規格化

　教師あり学習，教師なし学習を説明する前に説明しておくことがあります. 説明変数ごとにデータが持つ意味合いは異なっており，例えば物理量の測定値に限った場合でも，単位が異なる

9　　繰り返しを行うコストが高い場合は繰り返しを行わないこともあります.

ものを同列に扱うことは適切ではありません．これを改善するための最も基本的な手順が各説明変数の回帰・分類に及ぼす影響が同程度になるように値を変換する「データ規格化」です．一般的なデータ解析ライブラリは規格化されたデータを想定して開発されているので，これを行う必要があります．

データ規格化では

- Min-Max Normalization：[0,1] 区間への線形変換[10]
- Z-score Normalization ：平均値 0，標準偏差 1 の分布とする線形変換[11]

がよく用いられます[12]．規格化は，説明変数ごとに変換関数を作成する場合が多いのですが，説明変数ごとではなく説明変数全体に対して変換関数を作成する場合があります．どちらの規格化が良いのかは実際に回帰・分類モデルの性能を評価して判断します．

1.2.3 教師あり学習

大学でデータ解析学を初めて学ぶ人は（2 値）分類から入る場合が多いのですが，物質科学の問題を解決したい人は回帰から入った方が分かりやすいので先に回帰を説明します．

[1] 回帰

回帰にはよく知られた手法として

1. 線形回帰
2. ニューラルネットワーク回帰
3. カーネル回帰
4. ...

など様々な手法がありますが，scikit-learn で利用可能な線形回帰とカーネル回帰を説明します[13]．

線形回帰　説明変数を表すベクトルを

$$\vec{x} = (x_1, x_2, \cdots, x_P)$$

と定義します．目的変数を y とし，i 番目のデータインスタンスに対して $\vec{x}_i$, y_i と定義します．これと同じサイズの係数ベクトル

$$\vec{w} = (w_1, w_2, \cdots, w_P)$$

と定義し，回帰式

$$f(\vec{x}) = \sum_{i}^{P} w_p x_p + w_0 = (\vec{w}, \vec{x}) + w_0$$

10　sklearn.preprocessing.MinMaxScaler が対応します．

11　sklearn.preprocessing.StandardScaler が対応します．

12　データの規格化手法に対して本書では英語表記で区別します．

13　ニューラルネットワーク回帰は説明しません．スクリプト例でも紹介しません．

が与えられた時に

$$L^{reg} = \sum_i^N (y_i - f(\vec{x}_i))^2 + \alpha\|\vec{w}\|_n^n$$

を最小化するように $\vec{w}$ と w_0 を決定することが回帰モデルの学習です．回帰モデルが得られ，未知データ $\vec{x}^{new}$ が与えられると $f(\vec{x}^{new})$ により予測値を得ます[14].

この式の第二項は罰則項と呼ばれ，データ解析学手法では頻繁に用いられます．$\|\vec{w}\|_n$ はベクトル $\vec{w}$ の「Ln ノルム」と呼ばれます[15]. 更に，この m 乗を $\|\vec{w}\|_n^m$ も定義します．よく用いられるのは $|\cdot|$ を絶対値として，

$$\|\vec{w}\|_1^1 = \sum_{p=1}^P |w_p|$$

$$\|\vec{w}\|_2^2 = \sum_{p=2}^P (w_p)^2$$

です．L1 ノルムを用いた場合を L1 罰則項，L2 ノルムを用いた場合を L2 罰則項と呼びます．

ここで α は罰則項の大きさを決める値であり，ハイパーパラメタと呼ばれます．その大きさは観測データを用いた評価関数の最適化の過程で決めることが良く行われます．

線形回帰は L^{reg} で与えられた罰則項の有無，種類で以下に分類されます．

- 罰則項なし ($\alpha = 0$): (いわゆる) 線形回帰
- n=1：Lasso
- n=2：リッジ (Ridge) 回帰

特筆すべきは Lasso とリッジ回帰は大域最小解を与え，罰則項無しの線形回帰でしばしば問題になるる説明変数間の（多重）共線性の影響を受けずに解を一意に与えることができます．また，Lasso では罰則項は多数の説明変数の中から不要な説明変数の係数を 0 にする特徴を持ち，回帰と同時に説明変数選択を行うことができる手法です．

カーネル回帰　カーネル回帰関数は以下のような形を持ちます．馴染みが無い形かもしれませんが係数 α_i に対して線形な関数です．

$$f(\vec{x}) = \sum \alpha_i K(\vec{x}, \vec{x}_i)$$

RBF カーネル[16]と呼ばれる以下のガウシアンの形の関数

$$K(\vec{x}, \vec{x}') = \exp(-\gamma\|\vec{x} - \vec{x}'\|_2^2)$$

14　第一項には $1/(2N)$ などの規格化が入ります．

15　L1 ノルム．L2 ノルムなどです．

16　Radial basis function kernel

がよく用いられます.

　この予測の模式図を図 1.2 に示します. $\exp(-\gamma\|\vec{x}-\vec{x}'\|_2^2)$ により, 説明変数空間で距離が近いデータインスタンスの寄与が多くなりますが, 同時に α_i が存在します[17]. この項により統計的性質に悪影響を与えるデータインスタンスは効果が少ないように学習されます [9].

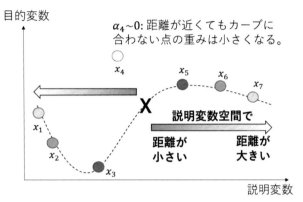

図 1.2　カーネルリッジ回帰

　カーネルリッジ回帰では 以下の評価関数を最小化します.

$$L = \sum_{i=1}^{N} \|y_i - f(\vec{x}_i)\|_2^2 + \alpha\|\vec{w}\|_2^2$$

これはリッジ回帰と同じく L2 ノルムの罰則項を持ちます. RBF カーネルやラプラシアンカーネルではある $\vec{x}$ 点の回帰値として $\|\vec{x}-\vec{x}_i\|_2$ の値が小さいデータインスタンス $\vec{x}_i$ が $\alpha_i K(\vec{x},\vec{x}_i)$ の寄与で回帰モデルに用いられるのは既に説明したとおりです. 一方, 距離依存性を無視し $\vec{x}$ のいくつかの近傍点 (x'_j) の予測値の平均値 $\sum_j f(\vec{x}'_j)$ を用いる k 近傍法と呼ばれる回帰モデルもあります.

[2]　分類

　日本語では classification も clustering も「分類」と訳されるので, 混乱を避けるために本書ではそれらを「分類」と「クラスタリング」と呼ぶことにします. ロジスティック回帰は分類の代表的手法です. これは線形回帰と同じ形 $f(\vec{x})$ を logit 関数

$$P(\vec{x}) = \frac{1}{1 + \exp(-f(\vec{x}))}$$

に作用させて 0 から 1 までの量に直します. $P(\vec{x})$ に作用させることで $-\infty$ から ∞ までの値を取れる関数 $f(\vec{x})$ を 0 から 1 までの値を取るように変換し, 確率と解釈します. scikit-learn のロジスティック回帰では次式の交差エントロピー誤差と呼ばれる関数と罰則項を加えた評価式を最小化することで分類モデルを学習します.

17　ここで i はデータインスタンスのインデックスです.

$$L^{cls} = \left[\|\vec{w}\|_n^n + C \sum_i \log(\exp(-y_i f(\vec{x}_i)) + 1) \right]$$

　分類クラスが二つである場合はあるクラスと予測される確率を $P(\vec{x})$，別なクラスとして予測される確率を $1 - P(\vec{x})$ と解釈できます．分類するクラスが複数の場合は，例えば，理解しやすい手法として one-vs-rest（OvR）法ではそのクラスか否かという分類モデルをクラス回数個学習し，最も確率が高いクラスを予測値とします[18]．OvR 法以外にも多値ロジスティク回帰手法が存在します．多値ロジスティク回帰の詳細など理論面を更に勉強したい方は参考文献 [10]などをご参照ください．

[3]　類似度と距離

　L1 ノルム，L2 ノルムと関連して「距離」，そして「類似度」はデータ解析学において重要な概念です．類似度・非類似度はデータが似ている・異なっていることを表し，それらを定量化した数学的な実装が距離です．scikit-learn では説明変数が実数，整数，論理値，ユーザー定義型に対して様々な距離が定義されており [11]，解決しないといけない問題の本質によって用いるべき距離を使い分けます．ここでは説明変数が実数の場合の以下の代表的な距離について説明を行います．

- ユークリッド距離 (Euclidean distance)：L2 ノルムと同じ二地点間の距離の定義です．最も馴染みがある距離の定義と思います．非負値を取り，値が小さいほど類似度が高い特徴を持ちます．
- マンハッタン距離 (Manhattan distance)：L1 ノルムと同じ二地点間の距離と同じ定義です．例えば，碁盤目に道がある都市の中を移動する際には直線距離（ユークリッド距離）では移動できないので，道に沿って移動するためにはマンハッタン距離の方がタクシー運賃などを決める距離の定義として適切です．非負値を取り，値が小さいほど類似度が高い特徴をもちます．
- コサイン距離 (Cosine distance)：二地点をベクトルとして，ベクトルのコサインを計算します．-1 から 1 まで値を取り，値が大きいほど，類似度が高い特徴をもちます．

　これらの距離実装を知ると カーネルリッジ回帰で説明した RDF カーネルではデータインスタンス間のユークリッド距離の二乗が用いられていることが分かります．値が大きいほど類似度が小さくなる距離実装として

$$K(\vec{x}, \vec{x}') = \exp(-\gamma \|\vec{x} - \vec{x}'\|_1)$$

を替わりに用いることができることが理解できると思います．

[4]　if 文による回帰・分類モデル

　上で説明した回帰モデルは目的変数の説明変数空間上での超局面を求めているとも考えられま

---

[18]　OvR を用いる scikit-learn の LogisticRegressionCV クラスは複数の最適化された C を持ち，単一の C を持つ LogisticRegression より分類性能が大きく向上しています．

す. 異なる手法として, $\vec{x} = (\mathrm{x}1, \mathrm{x}2, \cdots)$ として

```
if x1 >= xvalue1A then
  if x2 > xvalue2A then
      y = yvalue1
  else
      y = yvalue2
  endif
else # x2< value1A
  ...
endif
```

という if 文を用いて予測値を得る回帰・分類モデルもよく用いられ決定木と呼ばれます. 決定木手法はデータから学習して自動的に yvalue を決定し, ステップ関数的に予測値が変化する特徴を持ちます. 決定木を用いた回帰・分類モデルにはランダムフォレストと呼ばれる手法があります. これは重複を許してランダムに選んだ訓練データの複数の集合を得るブートストラップと呼ばれる手法を用います. この訓練データ集合からそれぞれ一つの決定木を作り, それらをまとめて一つの予測モデルを得ます. 複数の決定木を用いることにより目的変数は単一決定木よりは多くの値を持つことができますがステップ関数的に予測値が変化することは変わりません.

1.2.4 教師なし学習

[1] 次元圧縮

例えば, 表 1.3 において, ID_1 から ID_N までの各 ID に対応する $\mathrm{RDF}(R_a)$ から $\mathrm{RDF}(R_p)$ までの値を持つ部分を行列 X として定義します. 次元圧縮[19]では説明変数の行列 X をそのまま用いる場合と一度距離行列に直してから解析する多様体学習がよく用いられます.

特異値分解 線形代数の特異値分解をまず説明します. 特異値分解 (SVD) は 一般に行列サイズ (N, P), $N \neq P$ の非正方な行列 X を

$$X = USW^T$$

と分解します[20]ここで, 行列 S は (N, P) の対角行列となり, 例えば, $N > P$ の場合には縦長の行列

$$S = \begin{pmatrix} s_1 & & & & \\ & s_2 & & & \\ & & s_3 & & \\ & & & \ddots & \\ & 0 & & & \end{pmatrix}$$

19　次元集約, 次元削減とも呼ばれます.

20　Python では scpy の関数 scipy.linalg.svd で行うことができます.

になります．s_i は非負値に取ることができ，大きい順に並び替え (W,U の要素も並び替える)，あるしきい値以上の s_j だけを残しそれ以外の対角要素を 0，例えば

$$S' = \begin{pmatrix} s_1 & & & & \\ & s_2 & & & \\ & & 0 & & \\ & & & 0 & \\ & & 0 & & \end{pmatrix}$$

とすることで次元圧縮し再び X の行列次元に再構成した行列（低ランク近似した行列，もしくは低ランク行列と呼ぶ）を $X' = US'W^T$ として求め解析することがあります．

また，$X = USW^T$ は (i,k) 行列要素を書くと $S_{ik} = \sum_j s_j(U_{ij}W_{jk})$ となりますから X を $U_{ij}W_{jk}$ からなる行列で展開し展開系数 s_j を大きい順に取っているともみなせます．なお，上で X を X^T と置き換えることでデータインスタンス（個数 N）間の関係を求めることもできます．

主成分分解（PCA）　主成分分解ではデータの分散の大きい順に変数軸を選びます．このために**平均値を引いた X** に対して，説明変数間の関係を得るには $P \times P$ の不偏共分散行列

$$\Sigma = \frac{1}{N-1} X^T X$$

を計算し，固有値分解します[21]．この場合も

$$\Sigma = V\Lambda V^T$$

と固有値分解でき，Λ は非負値を持つ対角行列ととれます．特異値分解の時と同様に Λ の対角項を大きい順に並び替え[22]，説明変数のサイズより小さいサイズの V の部分行列で説明変数空間の部分空間を定義します．Λ の対角項の和を 1 に規格化した対角成分を寄与率と呼び，その和を累積寄与率と呼びます．なお，上で X を X^T と置き換えることでデータインスタンス（個数 N）間の関係を求めることもできます．

多様体学習　多様体学習[23]では説明変数行列から一度データ間の距離行列を計算し，それを活用してデータ空間を低次元空間に圧縮変換します．この際に距離を活用する範囲を制限することで有用な特徴を引き出す手法もあります．多様体学習の例として MDS[24]，t-SNE[25]があります．MDS は大局的な構造が保たれるが[26]，t-SNE は距離を活用する範囲を制限するため局所構造しか保たれない変換を行うという違いがあります[27]．

---

[21]　規格化をし直すのでここでは規格化因子 $1/(N-1)$ の由来を理解する必要はありません．

[22]　V も並び替える

[23]　Manifold Learning. 多様体学習では以下のように英語と日本語を混ぜて表記します．

[24]　多次元尺度法. 本書では MDS と記載します．

[25]　t 分布型確率的近傍埋め込み法. 本書では t-SNE と記載します．

[26]　PCA も大局的な構造が保たれます．

[27]　t-SNE が PCA や MDS に対して劣っているわけではありません．

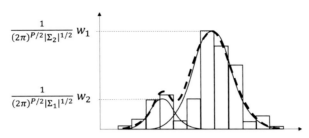

図 1.3 複数のガウス分布．一次元として書いた場合の頻度を箱で確率を線で示す．

[2] クラスタリング

　クラスタリングの目的は類似なデータを同じクラスターに，非類似なデータを異なるクラスターに区別することです．この時に類似度，非類似度の定量値として距離を用います．クラスタリング手法には，クラスター間の関係に関して大きく分けて

1. 各クラスターが独立である手法
2. クラスター間に系統的な関係がある手法

があります．

各クラスターが独立である手法

1. 独立な各クラスターに区別するクラスタリング手法の代表である k-Means 法[28]は決められたクラスター数 (K) のもとでクラスター C_k に属するデータインスタンス $x_i^{(k)}$ と中心値 μ_k を定めます．そして，何かの定義の距離 $\|\cdots\|$ を用いた評価関数

$$J = \sum_{k=1}^{K} \sum_{i=1}^{N} \|x_i^{(k)} - \mu_k\|^2$$

を最小化するように $x_i^{(k)}$ と μ_j を繰り返し更新し，最終的にクラスターを決定します．この式を見ると分かる通り等方的なクラスター分割を行います．

2. 一方，非等方的な分割を行う手法としてガウス混合モデル (gaussian mixture model) があります．これは非等方的な分布を表すことができる多変量正規分布

$$N(\vec{x}|\vec{\mu}, \boldsymbol{\Sigma}) = \frac{1}{(2\pi)^{P/2}|\boldsymbol{\Sigma}|^{1/2}} \exp\left(-\frac{1}{2}(\vec{x}-\vec{\mu})^T \boldsymbol{\Sigma}^{-1}(\vec{x}-\vec{\mu})\right)$$

を用います．全体のデータ分布を クラスタ k の分布の平均値 $\vec{\mu}_k$ と分散共分散行列 $\boldsymbol{\Sigma_k}$ を用いたそれぞれの分布の確率の和

$$p(\vec{x}) = \sum_{k}^{K} w_k N(\vec{x}|\vec{\mu}_k, \boldsymbol{\Sigma_k})$$

$$\sum_{k} w_k = 1$$

と表す式を用います（図 1.3 参照）．それぞれの $\vec{x}$ で規格化し直すと，$\vec{x}$ でのクラスター k の寄与率も求められます．

28　k 近傍法．本書では k-Means 法と記載します．

クラスター間に系統的な関係がある手法　クラスター間に系統的な関係がある手法の代表は 階層クラスタリング法です．これはある距離実装を用いて距離が近い順にクラスターを階層的に逐次生成します．クラスタ間の表示も階層的にされます．二つ以上の要素が含まれるクラスター間の距離には様々な定義があります．

　なお，クラスタリングではデータインスタンス方向に行うように説明を行いましたが，次元圧縮の場合と同様に説明変数方向にクラスタリングを行うことも可能です．これらは目的に応じて使い分けてください．

1.3　回帰・分類モデルの性能評価

罰則項がある線形回帰，ロジスティク回帰を念頭に置いて説明します．

1. モデル学習は評価関数 L^{reg} もしくは L^{cls} を，既知観測データを用いて特定のハイパーパラメタを使ったときのモデルの評価を検証します（これはモデル当てはめを行う過程です）．
2. 学習したモデルの評価は定量的に行います．このための回帰・分類モデル評価指標の定義が必要です．更に，評価指標を定義しても未知データでは評価指標値を計算できないので予測モデル性能評価のための疑似手法を導入します．
3. ハイパーパラメータなどを変えて学習した複数モデルの中から評価指標値を最大化するようにモデル選択を行います．

1. は既に説明したので，次に 2. と 3. の説明を行います．

1.3.1　評価指標

目的変数が連続量である回帰と離散量である分類とで異なる評価指標があります．

[1]　回帰評価指標

　回帰モデルによく用いられる評価指標には以下があります（以下ではデータインスタンスの個数を N として書きます）．

- 平均二乗誤差

$$\text{MSE} = \frac{1}{N} \sum_{i=1}^{N} (y_i - f(\vec{x}_i))^2$$

- 二乗平均平方根誤差

$$\text{RMSE} = \sqrt{\text{MSE}}$$

- 平均絶対誤差

$$\text{MAE} = \frac{1}{M} \sum_{i=1}^{N} |y_i - f(\vec{x}_i)|$$

- 決定係数

$$R^2 = 1 - \frac{\sum_{i=1}^{N}(y_i - f(\vec{x}_i))^2}{\sum_{i=1}^{N}(y_i - \bar{y})^2}$$

ここで $\bar{y} = \frac{1}{N}\sum_{i}^{N} y_i$ です.

最初の三つは予測値の誤差であり, 値が小さいほどモデル評価が高く, 各数値の単位は, MSE が目的変数の二乗の単位, RMSE と MAE は目的変数の単位です. R^2 は無単位で, 予測値と観測値の相関関係であり, 値が大きいほどモデル評価が高い特徴を持ちます. R^2 は目的変数値が予測値と完全に一致する場合に最大値 1 をとり, 全ての $\vec{x}_i$ に対して $f(\vec{x}_i) = \bar{y}$ の場合に 0 をとります.

[2] 分類評価指標

分類モデルの評価指標の一つには表 1.5 で示す行列表示が用いられます. これを「混同行列」と呼びます. 表 1.5 の例は 体心立方格子 (bcc), 面心 立方格子 (fcc), 六方最充填構造 (hcp), その他 (misc) の結晶構造 4 クラスの分類行列です. 縦軸を観測データの目的変数値, 横軸を予測値として, 各セルがデータ数を表します. 対角線上数値は予測値が観測データの目的変数値に一致したデータインスタンスの個数, すなわち, 正しく分類できたデータインスタンスの個数です. 非対角要素は誤って分類されたデータインスタンス数です.

表 1.5 混同行列

予測値

	bcc	fcc	hcp	misc
bcc	8	0	6	0
fcc	1	5	6	8
hcp	3	2	17	2
misc	1	2	9	33

（縦軸：観測値）

表 1.5 は bcc, fcc, hcp, misc の四値分類でしたが, 特に 2 値分類の場合は観測値と予測値がそれぞれ陽性 (+) もしくは陰性 (-) に対して, 表 1.6 のように表示されることもあります.

表 1.6 2 値混同行列

予測値

	陽性(+)	陰性(-)
陽性(+)	真陽性 True positive (TP)	偽陰性 False negative (FN)
陰性(-)	偽陽性 False positive (FP)	真陰性 True negative (TN)

（縦軸：観測値）

混同行列は評価指標値が複数あるため複数の離散目的変数値がある場合に特に煩雑です．このため目的に応じて混同行列から分類評価指標が更に生成されます．

- 正答率 (Classification accuracy (CA))：精度とも呼ばれます．これは，全データインスタンスのなかで，正しく分類された割合です．表 1.5 で全データインスタンスに対する混同行列の対角要素数の割合で，(8+5+17+33)/103 =0.61 です．

また，混同行列から計算を行う再現率，適合率，F_1 スコアもよく用いられます．

- 再現率 (Recall)：表 1.5 で示すと横方向の正確さを示す指標です．例えば，fcc の観測データの中で分類モデルにより正しく fcc と分類されたデータインスタンス数もしくは割合 5/20=0.25 です．
- 適合率 (Precision)：表 1.5 で示すと縦方向の正確さを示す指標です．例えば，fcc と分類されたデータの中で観測データが fcc であったデータインスタンスの個数もしくは割合 5/9=0.56 です．
- F_1 スコア：再現率と適合率の調和平均

$$F_1 = 2 \frac{\text{Recall} \times \text{Predicision}}{\text{Recall} + \text{Presicision}}$$

これらは離散目的変数値ごとに生成されますが，更に加重平均を取るなどして一つの評価指標を生成することができます．正答率から F_1 スコアまでの分離評価指標は値が大きいほど学習したモデルの評価が高いことを表します．

1.3.2　予測モデルの評価方法

教師あり学習では，（既存の）観測値から予測モデルを学習することを説明しました．そして，前節では目的変数値と学習済みモデルによる予測値の一致度を用いてモデルの妥当性を定義しました．次に，そのモデルの妥当性を**予測モデル**として評価します．これらを実現する手法はすでに説明した通り，1.モデル学習，2.学習したモデルの評価，3.学習したモデルの選択から成り立ちます．この節では最後の 3.学習したモデルの選択方法について説明します．

[1]　データ分割

評価指標は定義できましたが「予測」モデル学習のために評価指標をどう計算するのかという問題が残ります．「予測」モデルの評価には存在しない未知データに対する評価指標を計算する必要があります．存在しない未知データの代わりに目的変数値を持つ観測済みの（既知）観測データをモデル学習と「予測」モデル性能評価に利用します．代表的な手法が二つあります．

データ分割法 1　（既知）観測データを「一組の訓練データとテストデータに分割」します．まず，訓練データのみを用いて回帰・分類モデル $y \sim f(\vec{x})$ を学習します．次に，訓練データには用いなかったという意味での未知データとしてテストし，学習したモデルの性能を評価します．具体的には訓練データインスタンスの個数を N_{train}，テストデータインスタンスの個数を

N_{test}，L^{reg}，L^{cls} では i は訓練データのインデックスを用いて $N = N_{train}$ として，性能評価式では i テストデータのインデックスを用いて $N = N_{test}$ としてそれぞれを評価します．

データ分割法2　訓練データとテストデータを一組に分割するだけでは特にデータインスタンスの個数が少ない場合にデータ分割による統計的な偏りが出やすくなります．更に，（数少ない）観測データを有効活用するために交差検定（クロスバリデーション）がよく用いられます．

交差検定は分割数を指定して使用します．以下では図示のため分割数を 5 として説明します．まず，図 1.4(a) のように観測データを第 1 集合 (#1) から第 5 集合 (#5) までの五つの集合に分割します．この際に乱数で並びを変えることが良く行われます．そして図 1.4(b) のように四つの集合を訓練データとし，残りの一つの集合をテストデータとします．訓練データから回帰モデルを作り，テストデータに対して回帰評価指標を計算するのは「一組の訓練データとテストデータに分割」する手法と同じですが，この作業を分割数分（五回分）繰り返すします．

交差検定では各セットがテストデータとして必ず一回使われるので全データインスタンスの予測値評価ができるという特徴も持ちます．回帰モデルの評価指標としては五つのモデルの平均値と標準偏差がよく用いられます．

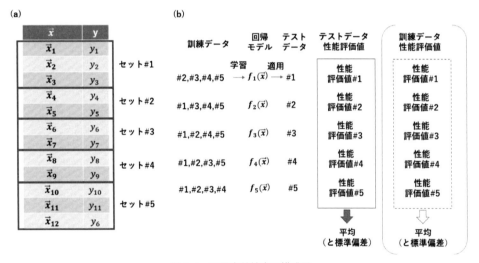

図 1.4　五回交差検定の模式図

1.3.3　予測モデル選択方法

1.3.2 節では擬似的な予測モデル学習のために評価指標の計算手法を定義しました．L^{reg} に対して説明すると，ハイパーパラメータ α がある Lasso やリッジ回帰モデルでは，RMSE 値が小さいほどモデル評価が高いので，テストデータに対して RMSE が最も小さい α を用いた学習済み回帰モデルを選択することです．

このために α に対して RMSE がどのような振る舞いをするかを以下に説明します．典型的には α の関数として図 1.5 のように訓練データの RMSE は α 値が小さくなるほど小さくなります．一方，テストデータの RMSE に関しては多くの場合にこれを最小にする α 値が存在しま

す[29]．これは以下のように解釈できます．

1. α が大きい場合は，L^{reg} 第二項で L^{reg} 全体の大きさが決定します．このため訓練データの RMSE が大きくなります．同時にテストデータの RMSE も大きくなります．

2. 一方，α を小さくすると L^{reg} 第一項で L^{reg} 全体の大きさが決定します．このために訓練データの RMSE が大きくなります．しかし，同時に訓練データに対して過度に関数当てはめを行ってしまい，訓練データと異なるテストデータの RMSE が大きくなります．この場合は過度に訓練データに対して学習・適合したという意味で過学習もしくは過適合と呼ばれます．

図 1.5 の RMSE の α 依存性からテストデータの評価指標値が最小値をとる α の値を選択します．α の最適値より左側（小さい側）は過学習をしています．α の適切な大きさは問題によって大きく異なるので問題ごとに適切な値を探索する必要があります[30]．

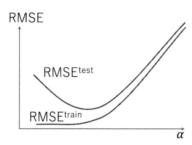

図 1.5　ハイパーパラメタ (α) に対する RMSE の典型的な振る舞い．

当然ですが，訓練データとテストデータに対して同時に RMSE を小さくする必要があります[31]．訓練データに対して RMSE を小さくするのがモデル当てはめ過程で，テストデータに対して RMSE を小さくするのが妥当な予測モデル学習過程です．稀に，ある訓練データとテストデータに対して RMSE^{test} だけが小さい場合がありますが，RMSE^{train} が同時に小さい値で無ければ帰納法に反し，説明変数空間で訓練データに極めて近い構造に対しても妥当な回帰値を得ることができません[32]．

交差検定を用いた場合は，このようにして最適化し選択されたハイパーパラメータの値を用いて，別途回帰・分類モデルをつくります．scikit-learn の LassoCV などでは交差検定では交差検定により最適化されたハイパーパラメータ値を選択し，最後に全観測データを用いて回帰・分類モデルを学習し直します．

29　R^2 の場合は最大値を与える α 値が存在します．

30　場合によっては α に対する過学習領域が見えないこともあります．その場合は変化させた α の範囲内で最良のテストデータ評価指標値を示すどれかの α を選んでください．

31　例えば，回帰モデル学習部分をブラックボックスとして用いて目的変数の与え方を間違えるとテストデータの RMSE は小さいのに訓練データの RMSE が大きくなることがあります．可能でしたら特に初期は両者の評価指数を参照したほうが安全でしょう．

32　データの与え方の間違いにより起きる場合もあります．特に最初は解析結果が矛盾していないかのチェックが必要です．

1.4　データ解析学手法の四過程

　前節では，予測モデルの学習・選択過程について説明しました．そして，一般的に物理現象を
データ解析学手法過程に落とし込むには付随する過程が存在することも説明しました．これをま
とめると，一般的に，データ解析学手法過程は以下のデータ収集，データ加工，データからの学
習，結果解釈の四つの過程に分けて考えることができます [12]．

　前節で説明した結晶構造から全エネルギーを予測する問題は機械学習古典ポテンシャルを学習
する問題 [13, 14] と呼ばれます．この場合のそれぞれの過程は以下のように分けられます．

1. データ収集：結晶構造（原子種類と原子座標の順序リスト）を用意して第一原理電子状態
   計算を行い，それぞれの構造の全エネルギーを計算値を得る過程です．この観測結晶デー
   タを観測生データと呼んでおきます．
2. データ加工：観測生データを結晶が持つ不変を満たす特徴量に変換し，加工済み説明変数
   を生成します．前節で導入した RDF は加工済み説明変数です．更に，一般的なデータ
   解析学手法ライブラリを用いるために単位，スケールが異なる説明変数のデータ規格化を
   行います．
3. データからの学習：ハイパーパラメータがあれば交差検定などでハイパーパラメータの値
   を決め，回帰モデルを学習します．
4. 結果解釈（随時実行）：大量のデータを扱うため人間が途中経過や結果を理解できるよう
   に可視する過程です．

図 1.6 にこれらをワークフローで示します．

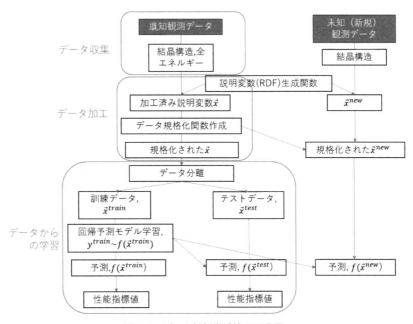

図 1.6　データ解析学手法の四過程

　最後に，物理量はその性質によって対数表示が好まれる場合があります．その場合は機械学習手法の適用においても事前に対数値に変換した方が良いことが多いでしょう．このような変換もデータ加工（説明変数生成）に含まれます．専門知識に従い適切に変換してください．

1.5　説明変数の特徴の見い出し方

　予測モデルを求める具体的な手法を説明する前に，データから何を見出すことができるかを考察します．以下では R_a, R_b, R_c のみ考えることにし，説明変数である RDF を重ねて図 1.1 のように可視化をします。このため，線は単なるガイドと見てください．この描き方の欠点は描く構造（線）が多いと線が重なって構造ごとの変化が見えないことです．

　次に多くの人は平均値と標準偏差を計算するでしょう．図 1.7(a) は平均値を示します．この図からは RDF の平均値の範囲と値が大きな R_i, 小さな R_i が存在することが分かります．図 1.7(b) は平均値と標準偏差を示します．この図からは σ が大きい R_a と R_c, σ が小さい R_b があるデータであることが分かります．

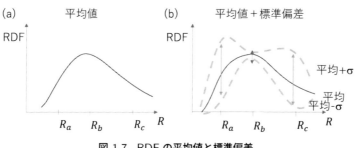

図 1.7　RDF の平均値と標準偏差

では，σ が大きい RDF(R_a) と RDF(R_c) の間で何か相関があるでしょうか．例を次に示します．

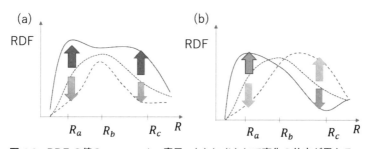

図 1.8　RDF の値の scatter plot 表示．(a) と (b) とで変化の仕方が異なる．

表 1.7　図 1.8 の (a) と (b) に対応する各構造の RDF の値のデータテーブル表示

(a)

	RDF(R_a)	RDF(R_b)	RDF(R_c)
構造1	$\bar{x}_a + \sigma$	$\bar{x}_b$	$\bar{x}_c + \sigma$
構造2	$\bar{x}_a$	$\bar{x}_b$	$\bar{x}_c$
構造3	$\bar{x}_a - \sigma$	$\bar{x}_b$	$\bar{x}_c - \sigma$

...

(b)

	RDF(R_a)	RDF(R_b)	RDF(R_c)
構造1	$\bar{x}_a + \sigma$	$\bar{x}_b$	$\bar{x}_c - \sigma$
構造2	$\bar{x}_a$	$\bar{x}_b$	$\bar{x}_c$
構造3	$\bar{x}_a - \sigma$	$\bar{x}_b$	$\bar{x}_c + \sigma$

...

- 図 1.8(a) は $x_a(= \mathrm{RDF}(R_a))$ が大きいと x_c も大きい，つまり x_a と $x_c(= \mathrm{RDF}(R_c))$ に正の相関があります（表 1.7(a) 参照）.
- 一方，図 1.8(b) は x_a が大きいと x_c は小さい，つまり x_a と x_c に負の相関があります（表 1.7(b) 参照）.
- 更にどちらも混じっている場合（c と置く）もあります.

これらの場合はどのように判別できるでしょうか．(x_a, x_c) 平面に書くと図 1.8(a) と (b) を容易に区別できます．図 1.9 では $(x_a - \bar{x}_a, x_c - \bar{x}_c)$ を書いており，(a) の場合は $(x_a - \bar{x}_a) \times (x_c - \bar{x}_c) > 0$ の領域にデータがある場合に対応します．(b) の場合は $(x_a - \bar{x}_a) \times (x_c - \bar{x}_c) < 0$ の領域にデータがある場合です．(c) の場合は図示してもこららの分布の偏りが見えません[33].

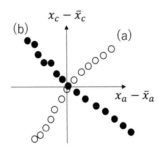

図 1.9　図 1.8 の (a) と (b) の場合の $x_a - \bar{x}_a$ 対 $x_c - \bar{x}_c$

　図 1.8 の (a) と (b) の場合を考えましたが，実際のデータでは (a) と (b) のどちらも混じっているでしょう．では，どのような回帰モデルがありうるでしょうか．$a_a > 0, a_c > 0$ として，$y = a_a x_a + a_c x_c$ もしくは $y = -a_a x_a - a_c x_c$ は x_a と x_c が正の相関を示す変化をする場合，y が大きく変化している場合にありそうです．$y = a_a x_a - a_c x_c$，もしくは $y = -a_a x_a + a_c x_c$ は x_a と x_c が負の相関を示す変化をする場合，y が大きく変化している場合にありそうです．$y = a_b x_b$ もしくは $y = -a_b x_b$ は (a), (b) の場合，y がほとんど変化していない場合にありそうです．これらのうち相関が高いモデルが回帰により学習されます.

　上の考察では特徴的な変化を示す R_a, R_b, R_c がすでに分かっていると仮定しているので図を書けました．更に，可能性が (a), (b), (c) だけであると仮定したので f の具体的な形の予

33　例えば，ピアソンの相関関数が変数間の相関を定量的に表します.

想ができました．では説明変数の特徴をよく表す少数の R_i はどう見つけるのでしょうか？ $(R_i, \mathrm{RDF}(R_i))$ の場合は 1 次元図として書けるので特徴的な変化を示す R_i を見つけることが可能かもしれません．また，$(R_i, \mathrm{RDF}(R_i))$ の図があっても，曲線が複雑な（σ が大きな R_i が多いなど）場合はどの R_i が最も特徴的なのかが分かりません．更に，説明変数 x_i が多次元の場合はそのそも RDF 図のような図示ができません．主として以上の困難があり，説明変数の特徴をよく示す一部の変数[34]を人間が見つけるのは困難でしょう．

このために説明変数を低次元化して変数の特徴を求める「次元圧縮」という手法が用いられます．うまく次元圧縮を行うとデータに内在する相関性がよりうまく認識できるようになり，結果として回帰，分類性能が向上します．また，次元圧縮は説明変数間に関係があると仮定しそれらの間の擬似的な法則を求める場合にも有用です[35]．

また，説明変数空間を分割する「クラスタリング」は回帰・分類モデル学習時に有用です．もし，データインスタンスが説明変数空間で十分に分離していることが分かれば分離した空間内データごとに回帰をすればより狭い説明変数空間での学習となるのでそれぞれの領域で妥当な回帰予測モデルを簡単に学習できることが期待されます [15]．

1.6 予測問題（再び）

繰り返しになりますが，回帰の目的はモデル当てはめと予測の二つあることはすでに説明しました．モデル当てはめは既存のデータから作成した回帰モデルにどの程度合うのかを解析します．重回帰分析などモデルパラメタを評価する場合はモデルに当てはめの問題となります．予測の場合には注意が必要です．忘れがちですが，あなたが持っている観測データはありうる全データの一部であることを忘れないでください[36]．これを図 1.10 に従って説明します．

(1) 「予測モデル」は未知データに適用するためにあります．どの程度未知データに適用可能かを示す性能を汎化性能と言います．

(2) 予測モデルは観測データの範囲内で汎化性能が高いモデルを作成します．しかし，汎化性

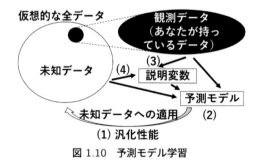

図 1.10 予測モデル学習

能は今は観測していない未知データに対する予測モデルの性能なので，本来は評価自体が行えません．現在存在しない未知データに対しての誤差の評価は，将来にこのモデルを使って予測する場合にどのような誤差が発生するかを予測する（予兆する）行為です．

(3) このため説明変数も観測データに対してだけ適用可能に設計するのでなく，

(4) 未知データにも適用できるように設計する必要があります．

回帰モデルの汎化性能を考慮するだけでなく，説明変数も未知データに適用可能に設計することを忘れないでください．

1.7 新帰納法の世界

この節も繰り返しになりますが，データ駆動型アプローチで得られた「法則」は以下の特徴があります．

- 帰納法ですから原理から出発した「正解」ではありません．
- 得られたモデル全て近似解です．そしてほぼ同程度の誤差をもたらすモデルが多数存在します．
- どうモデルを作成・選択するかに関してその時代の研究者間の「合意」はあります．

これらはモデル網羅計算で例がでてきます．例えば，説明変数作成の指針としてはなるべく**相関**を用いることができるように説明変数を設計するのですが，ではどう設計すれば相関をうまく利用できる（＝妥当な予測モデルが学習できる）かは自明ではありません．原理的にこれだけを行えば良いという王道は無いので色々と試す必要があります．演繹法での原理（＝法則）に変わるものは解析実行者またはその時代の研究者が決めた評価基準です．例えば，データ解析学初学者からの質問として「説明変数をどう選ぶのか分からない．」という質問がよくあります．データ解析学は新帰納法ですから，図 1.11 のように色々試してみて，解析実行者（そして評価者）が決めた評価基準から良い結果を選択するしか手段がありません．

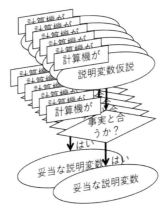

図 1.11 新帰納法での説明変数探索

1.8 新帰納法のフローチャート

構造に対応する既知生観測データから説明変数を生成し,予測回帰モデルを学習し,更に,未知（新規）観測生データから予測値生成する一般的なフローチャートを図 1.12 に示します. 前節で示した図より概念的な図になっています. 説明変数生成は（妥協しなければ）一度で妥当な説明変数生成関数を見つけられることは多くありません. その際には演繹的な物質科学の知識を用いると,より性能評価値が高い予測モデルが得られる説明変数生成関数を生成することは可能かもしれません. また新帰納法ですから,これを計算機内で何度も仮説修正と検証を行い,妥当な予測モデルを得ることになります. ある程度の経験が無ければ,一度の試行で妥当な回帰モデルを作成できることは（ほぼ）ありません. そのため,この過程を何度も繰り返すことになります. この試行錯誤過程には解析者がよりデータを理解する効果もあります.

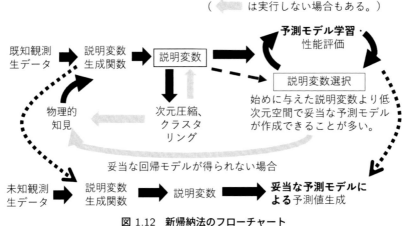

図 1.12　新帰納法のフローチャート

最後にデータ解析学手法が行うことと人間の手間（入力）を表した,ガートナーの analytic continuum[16] と呼ばれる有名な図を図 1.13 を紹介します.

この書き方に従い情報理論の四問題について説明を行います.

- 記述問題は「何が起きたのか」を問う問題です.
- 診断問題は「なぜ起きたのか」を問う問題です.
- 予測問題は「次に何が起きるか」を問う問題です.
- 処方問題は「次に何をすべきか」を問う問題です.

処方問題の決定に関して二通りあります.

- 決定補助は決定するための情報を与えられ,決定は人間が行います.
- 決定自動化は人間が決定自動化の方針を決めて,その後人間を介することなく解析プログラムが決定までを行います.

ベイズ最適化は決定自動化まで行えるのですが,次探索点の順序を決めるための評価指標が定

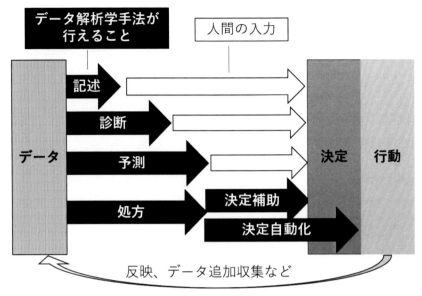

図 1.13 ガートナーの analytic continuum

量的にも求まることを利用して「人の知恵を入れる」として決定補助までしか行わない手法もありえます．手法を知るとそのような応用もできます．

第**2**章

準備編

2.1　可視化可能な Python インタラクティブ環境

　本書のスクリプトは Web browser を用いた可視化可能な Python インタラクティブ環境（図
2.1 参照）である Jupyter Notebook，もしくはその後継環境である JupyterLab を用いて実行
できるスクリプト（拡張子 ipynb）を用意しています[1]．以下では実行方法などの説明を簡単化
するために Jupyter Notebook として説明を行います．Jupyter Notebook は実行中に変数の
値を保持する Python インタラクティブ環境として使用することができ，実行セル単位ごとに
Python スクリプトを実行し，Python で作成された図を含め結果をファイルに保存することが
できます[2]．

　Jupyter Notebook では，コードセルとマークダウンセルを用いることが多いでしょう（図 2.1
参照）．コードセルは Python スクリプトを部分ごとに記載し，ユーザーが指定した順序ごとに
実行します．このため，In[番号], Out[番号] とコードセルには実行番号が付きます．マークダウ
ンセルには LaTeX 形式で簡単な式を書くこともできます．

図 2.1　Jupyter Notebook 環境

1　エディター Visual Studio Code でも実行保存可能です．https://code.visualstudio.com/
2　再読込時にはメモリー上の内容は保持されません．

2.2 Python環境のインストール

2.2.1 Python環境のインストール

本書のスクリプトは Windows 11, Anaconda Distribution (2022.05 版), Python 3.9, 64-Bit, Jupyter Notebook 環境および, Ubuntu 20.04 上の Miniconda3, Python 3.9, 64-Bit, Jupyter Notebook 環境を用いて動作確認を行っています. 読者がこれから Python 環境をインストールする場合に候補となる有名な Python 環境には Anaconda や Miniconda があります. 図 2.2 の OS, Python 環境の関係を元に説明します.

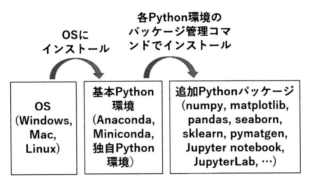

図 2.2 OS, Python, Python パッケージの関係

[1] 基本 Python 環境

各 OS に Python 環境をインストールする必要があります.

Anaconda 多くの個人や, 学生など教育機関に所属し教育活動の一環として利用される方は Anaconda Distribution[3]をインストールするのが簡単でしょう[4]. Anaconda は標準で Intel Math Kernel Library[5]を用いるように作成されており線形代数ライブラリが高速に動作します. 執筆時点では配布元ホームページ (https://www.anaconda.com/products/distribution) からダウンロードが可能です.

Miniconda もしくは独自環境 無料の Python 環境の一つに Miniconda があります[6]. 執筆時点では配布元が作成したホームページ (https://docs.conda.io/en/latest/miniconda.html) からダウンロード可能です. Python パッケージ管理コマンド conda[7]を用いて追加 Python パッケージをインストールすることで Anaconda とほぼ同等な環境を得ることができます. また,

---

3　以前は Individual Edition という名前でした.

4　有料かどうかは, 立場や所属により異なります. ライセンス条項 (https://www.anaconda.com/terms-of-service), や関連 FAQ (https://www.anaconda.com/blog/anaconda-commercial-edition-faq) をご参照ください.

5　https://www.intel.com/content/www/us/en/developer/tools/oneapi/onemkl.html

6　利用規定は変わる可能性がありインストール時に確認してください.

7　conda 自体は Python パッケージ以外にも使用可能です.

これら以外に個々に独自 Python 環境を作成しても動作するはずです.

[2]　Python パッケージのインストール

　各 Python パッケージ管理ソフトを用いて必要な Python パッケージをインストールします.パッケージ管理ソフトでは pip や Conda が有名です.Anaconda で Conda を用いるには,例えば,

- Windows 上では全てのアプリ:Anaconda3 階層にある Anaconda PowerShell Prompt もしくは Anaconda Prompt(図 2.3 参照)から,
- Linux では terminal から

実行します.

scikit-learn および Jupyter Notebook　Anaconda では scikit-learn および Jupyter Notebook はすでにインストールされていますが,他 Python 環境で conda コマンドを用いる場合は以下でインストール可能です.

```
$ conda install -c anaconda scikit-learn
```

```
$ conda install -c anaconda notebook
```

追加 Python パッケージ　Minoconda を含め独自 Python 環境を構築できる方は必要な追加 Python パッケージとそのインストール法が容易に分かるはずですので,ここからは追加 Python パッケージに関しては Anaconda の場合にのみ説明を行います.本書で用いますが,Anaconda に含まれていないパッケージはいくつかあり,追加してインターネット環境から

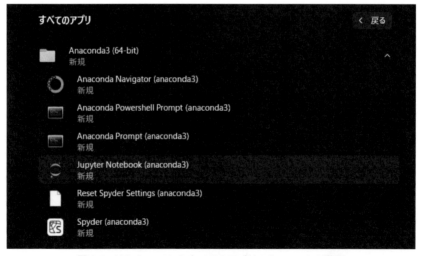

図 2.3　Windows 11 のすべてのアプリ:Anaconda3 階層

Python パッケージのインストールが必要です．Anaconda に含まれていないモジュールに，例えば，pymatgen があります．pymatgen インストール方法は配布元が作成したホームページに説明があります (https://pymatgen.org/installation.html)．10 分以上時間がかかることがありますが，Conda を用いる場合は以下のようにしてインストールできます[8]．

```
$ conda install --channel conda-forge pymatgen
```

そのほかの Python パッケージについては各スクリプトに必要モジュールの記載があります．

2.3 サンプルスクリプトとデータファイルの取得とインストール

bitbucket レポジトリ https://bitbucket.org/kino_h/python_mi_book_2022/src/master/ からダウンロードを行ってください．zip 形式でダウンロードするには図 2.4 のように，まず左図のようにブラウザ右上の「...」を選ぶとメニューが開きます．次に，メニュー中で右図に示した「Download repository」を選択するとダウンロードが始まります．取得したファイルを実行・ファイル追加保存できる場所で展開してください．

図 2.4　bitbucket からの zip 形式でのダウンロード方法．(a) 右上の「...」を選びメニューを展開し，(b)「Download repository」を選択します．図中で丸印は選択位置を示します．

2.3.1　Jupyter Notebook を用いたスクリプトの実行

Anaconda を用いた場合の説明を行います．

- Windows ではスタートメニューの Anaconda3 下の階層にある Jupyter Notebook を起動してください（図 2.3 参照）．Jupyter Notebook のフロントエンドアプリとして Web ブラウザが起動します．ファイルやディレクトリが表示されますので，サンプルスクリプトとデータファイルをインストールしたディレクトリに移動してください．
- Linux では，例えば，サンプルスクリプトとデータファイルをインストールしたディレクトリから

8　https://anaconda.org/conda-forge/pymatgen

```
$ jupyter notebook
```

として実行します[9]．この場合も，例えば，Ubuntu 20.04 の標準設定では Jupyter Notebook
のフロントエンドアプリとして Web ブラウザが起動し，ディレクトリ上のファイルが表示
されるはずです．

　010.regression ディレクトリにある，010.110.answer.linear_regreesion.ipynb ファイルを実
行する例を示します．Web ブラウザで図 2.5(a) のように選択すると 010.regression ディレクト
リに移動し，図 2.5(b) のように 010.110.answer.linear_regreesion.ipynb を選択するとファイ
ルが開きます．そして，図 2.6(a) のメニュー「セル」を選択し，図 2.6(b)「全てを実行」を選択
することで該当スクリプトの全てが実行されます．また，「▶ Run」を実行すると実行単位であ
る Notebook のセルごとに実行されます[10]．

(a)

(b)

図 2.5　(a) Jupyter Notebook を起動し，レポジトリを展開したディレクトリを開き，そのうち
010.regression ディレクトリを選択します．(b) 010.regression ディレクトリに移動し，
010.110.answer.linear_regreesion.ipynb を選択します．Ubuntu 20.04 で FirefoxWeb ブラ
ウザを利用した場合の表示例を示します．図中で丸印は選択位置を示します．

9　　Jupyter Lab を用いる場合は $ jupyter lab です．

10　　Jupyter Lab の場合は左サイドバーからファイルブラウザアイコンを選択し，ファイルブラウザをダブルクリックで
　　　操作しファイルを開きます．「セル」「全てを実行」に対応するメニューが存在します．

(a)   (b)

図 2.6 (a)010.110.answer.linear_regreesion.ipynb を開き，メニューから「セル」を選ぶ．(b) 「セル」メニューが展開されるので「全てを実行」を選ぶ．Ubuntu 20.04 で FirefoxWeb ブラウザを利用した場合の表示例を示します．図中で丸印は選択位置を示します．

2.3.2 サンプルスクリプトについて

データと本文と問題への解答例（以下スクリプトと呼ぶ）は Python/Jupyter Notebook 形式で節ごとにディレクトリを分けて保存しています．スクリプトにはデータ生成のために別のスクリプトの実行が事前に必要な場合があります．それらの説明はそれぞれのスクリプト上部に記してあります．スクリプトは Jupyter Notebook 環境で上のセルから順に実行することを想定しています．複数回実行できる Jupyter Notebook セルもありますが，**途中で任意の同じセルを複数回実行することは想定していません**．本書でスクリプトの実行過程の一部を表示しますが，図以外の実行時の出力は特に必要なセル以外は載せていません．

Python コードの「スタイルガイド」PEP8[11] に従い Python スクリプト内の多くの定数は大文字で書いていますが，説明変数 (X)，配列の大きさ N, P などは本文の表記に合わせて大文字で書いています．ご了承ください[12]．

2.4 物質データ

物質データは Pandas データフレーム (DataFrame) として読み込むことを想定しています．Python でのデータファイルの読み込み方は 2.5.2 節で説明します．説明変数カラム，目的変数カラムを以下では記します．なお，スクリプトによっては異なる用い方をすることがあります[13]．

2.4.1 希土類コバルト合金の磁気転移温度

[1] 説明変数

希土類元素説明変数 として 原子番号 (カラム名 Z)，d,f 軌道の電子配置 (f4,d5)，角運動量

11　https://pep8-ja.readthedocs.io/ja/latest/
12　「スタイルガイド」のはじめに記載されている「一貫性にこだわりすぎるのは、狭い心の現れである」も合わせてお読みください．
13　5 章で用いる非等長説明変数は載せていません．

期待値とその射影量 (4f, S4f, J4f,(g-1)J4f, (2-g)J4f) を用います．構造由来説明変数 として希土類元素の体積あたり数密度 (C_R)，Co の体積あたり数密度 (C_T)，元素あたりの体積 (vol_per_atom) を用います[14]．構造，構造に関する説明変数は AtomWork[17] から結晶構造を取得した後に加工しています[15]．

[2]　目的変数

キュリー温度（カラム名 Tc）を目的変数と設定します．説明変数・目的変数の詳細は参考文献をご覧ください [18, 19].

[3]　説明変数・目的変数の詳細

1-|ピアソンの相関関数|を距離とした場合の説明・目的変数の間の関係を階層クラスタリングによって図 2.7 に示します．メタデータの構造名を用いて各構造の Z に対する Tc 依存性を図 2.8 に示します．大まかには各構造は Z の中央 (Gd) で Tc の最大値を持ちます．

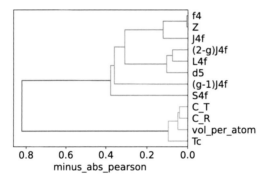

図 2.7　希土類コバルト合金の説明・目的変数間の階層クラスタリング

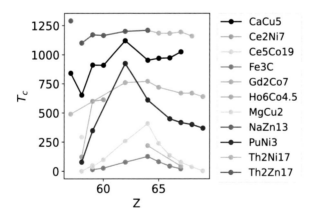

図 2.8　希土類コバルト合金の Z 対 Tc

14　括弧内はスクリプト中で対応する変数を示します．

15　著作権のため構造は本書には書くことができません．

2.4.2 炭素結晶構造

GRRM 法により炭素 8 原子の網羅構造探索を行った結果を用いています [22]．ここでは以下の加工済み説明変数を用意してします．

[1] 説明変数

結晶構造を Behler の二体対称性関数 R_l^1 により変換した量を加工済み説明変数とします[16][21]．具体的な説明変数名ではそれぞれの変数に使用したパラメタを示しています．著作権のため構造は本ハンズオンに含まれません．原子ごとの説明変数と，結晶内の原子ごとの説明変数の和を取った結晶説明変数を用います [23]．

[2] 目的変数

カラム名 Etot を目的変数と設定できます．著作権のため，SIESTA[20] を用いて PBE+D2 で論文にある構造のまま，構造緩和をせずに全エネルギー計算し直しています．このため元論文の全エネルギー値と一致しません[17]．

[3] 説明変数・目的変数の詳細

1-|ピアソンの相関関数|を距離とした場合の説明・目的変数間の関係を図 2.9 に示します．図 2.10 に代表的な構造を示します．二次元構造の層間は綺麗に重なっているわけではないですがグラファイトとグラフェンは二次元構造の重なり方を含めて示します[18]．3D-000 と 3D-002 は単位格子の違いと微妙な構造の差異により全エネルギーに微小な違いが生じています．

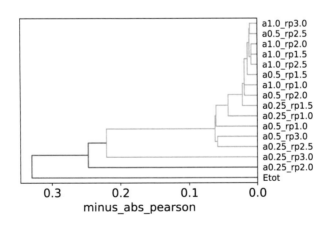

図 2.9　炭素結晶構造説明変数の階層クラスタリング

16　R_{ij} を原子ペア i,j 間の距離として $G_l^1 = \sum_{j \neq i} \exp(-((R_{ij} - r_p)/a)^2) f_c(R_{ij})$, $f_c(R$ は $r > R_c$ に対して $f_c(R) = 0.5(\cos(\pi R/R_c)) + 1)$, それ以外に 0 と定義されています．$R_c$ は固定しており，a, rp が a, r_p に対応しています．

17　構造緩和を再度行っていないせいでダイアモンド構造の方がグラファイト構造より安定になっています．

18　本書の結晶可視化には XCrysden[24, 25, 26, 27] を用いました．

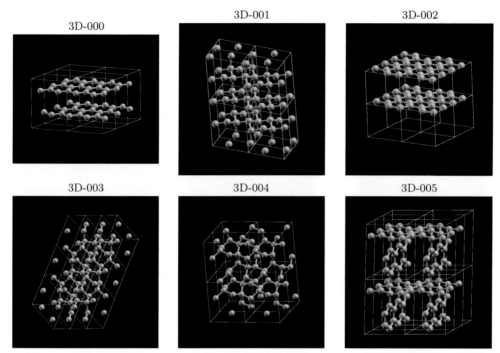

図 2.10　3D-000 (ほぼ AB stacking の graphite)，3D-001 (diamond)，3D-002 (ほぼ AB stacking の graphite)，3D-003 (hexagonal diamond)．3D-004 (ほぼ sp^3 結合の原子間角度だが四員環を含む三次元構造)，3D-005 (crossed graphene) の炭素結晶を示す．

2.4.3　閃亜鉛鉱構造構造とウルツ鉱構造のエネルギー差

二元素結晶である閃亜鉛鉱構造構造とウルツ鉱構造のエネルギー差 [28] を用います．

[1]　説明変数

構成元素 X=A,B のイオン化ポテンシャル (カラム名 IP_X)，電子親和力 (EA_X)，最も高い専有状態エネルギー (Highest_occ_X)，最も低い比専有状態エネルギー (Lowest_unocc_X)，s 軌道原子半径 (rs_X)，p 軌道原子半径 (rp_X)，d 軌道原子半径 (rd_X) を用います．

[2]　目的変数

全エネルギー差 (カラム名 dE) を目的変数に設定します．

[3]　説明変数・目的変数の詳細

1-|ピアソンの相関関数| を距離とした場合の説明・目的変数間の関係を図 2.11 に示します．

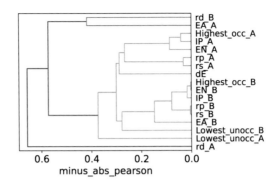

図 2.11　閃亜鉛鉱構造とウルツ鉱構造の説明・目的変数の階層クラスタリング

2.4.4　単元素からなる基底状態の結晶構造

単元素からなる基底状態の結晶構造です．データは全て Wikipedia[29] から収集しました．

[1]　説明変数

各元素に対して以下の特徴量を用います．酸化状態価数の最低値，最大値（カラム名 min_oxidation_state, max_oxidation_state），周期律表の列とグループ（row, group），原子波動関数の角運動量ごとの価電子専有状態数（s,p,d,f），計算された原子半径（atomic_radius_calculated），電気陰性度，イオン化ポテンシャル，電子親和力（electronegativity, ionization potential, electron affinity）．

[2]　目的変数

カラム名 crystal_structure で 各元素に対して 0: misc，1: hcp，2: bcc，3: fcc が定義されています．

[3]　説明変数・目的変数の詳細

1-|ピアソンの相関関数|を距離とした場合の説明変数間の関係を図 2.12 に示します．

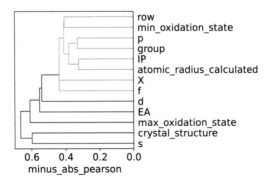

図 2.12　単元素基底状態説明変数の階層クラスタリング

2.4.5 鉄結晶構造

[1] 説明変数

Materials Project データベース [30] から取得した鉄の構造データを長周期構造に変換し，結晶格子と内部原子位置に変位を加え，炭素結晶構造と同じく Behler の対称性二体関数 R_i^1 [21] に変換して加工済み説明変数としています．このデータには目的変数は存在しません．

[2] 説明変数・目的変数の詳細

変位を加える前の各結晶構造を図 2.13 に示します[19]．

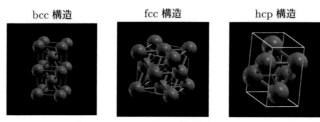

図 2.13 bcc, fcc, hcp 鉄構造を示す．

2.4.6 四元固溶体相の電子状態密度

全電子第一原理電子状態計算を行った四元固溶体相の電子状態密度（DOS）[31] を用います．構成元素は Bi, Hf, Hg, In, Mo, Nb, Pb, Sc, Sn, Tl, Y, Zr からの四つを選んだ組み合わせを用います[20]．

全電子第一原理電子状態計算（順問題）では四つの元素から固溶体結晶を定義し DOS を得るのですが，逆問題として DOS からセミコア元素を分類する問題と使用します．

[1] 説明変数

セミコアエネルギー領域の log(DOS) です．サイズ (100) の配列である説明変数はカラム名は log10_dos1 から log10_dos100 までです．

[2] 目的変数

セミコア順位を与える元素が一つ含まれるように作成しており，セミコア順位を与える元素名（カラム名 semicore）を目的変数に設定できます．

[3] メタデータ

四元合金の構成元素名 （elm1, elm2, elm3, elm4）から，四元固溶体相を定義します．

[4] 説明変数・目的変数の詳細

例えば，Bi もしくは In を含む DOS を図 2.14 に示します．セミコアを含む構成元素は一つ

---

19 皆さんが見慣れた単位周期構造ではないかもしれません．

20 全ての組み合わせが含まれているのではありません．

で，それぞれのセミコアを含むデータインスタンスの個数が 50 となるように作成しています．DOS の凹凸構造は同じセミコアを含んでも物質を構成する元素組み合わせにより少しづつ異なっています．

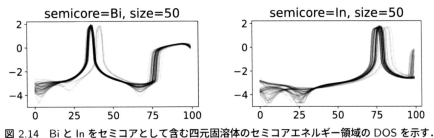

図 2.14 Bi と In をセミコアとして含む四元固溶体のセミコアエネルギー領域の DOS を示す．

2.4.7 四元固溶体相の残留電気抵抗率

全電子第一原理電子状態計算を行った四元固溶体相の残留電気抵抗率 [31] を示します．

[1] 生説明変数

四元合金の構成元素名（カラム名 elment1, elment2, elment3, elment4）から，四元固溶体相を定義します．

[2] 加工済み説明変数

周期律表元素グループの平均値と標準偏差 (カラム名 group_mean, group_std) と 周期律表元素行の平均値と標準偏差 (カラム名 row_mean, row_std) です．

[3] 目的変数

残留電気抵抗率（カラム名 R）を目的変数に設定できます．

[4] 説明変数・目的変数の詳細

1-|ピアソンの相関関数|を距離とした場合の説明・目的変数間の関係を図 2.15 に示します．

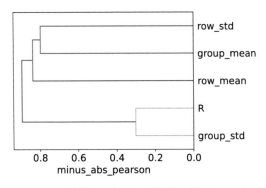

図 2.15 四元固溶体相の残留電気抵抗率の階層クラスタリング

2.5 事前準備

scikit-learn を用いたデータ解析学手法を解説するためにデータの読み込み・可視化・数値演算について最小限の事項を本節で説明します. 以下のスクリプトは{ROOT}/900.misc ディレクトリから実行することを想定しています. スクリプトは 900.010.introduction.ipynb に保存されており, 同ディレクトリには他に, より詳細な使用例を示したスクリプトがあります. Notebook (拡張子 ipynb) には Python 入力部分 (コードセル) と Python の出力部分 (出力セル) があり本書では前者は網掛け, 後者は表示する場合は網掛けがない四角い枠のみで示します.

2.5.1 数値演算モジュール

[1] numpy

Python では多くの例でベクトル, 行列定義・演算のために numpy を用います. numpy を np と import して利用可能にしてから利用することで, ベクトルもしくは行列演算が可能となります. 以下はベクトルの加算例です. この他に 内積演算 (np.inner(x1,x2)), 外積演算 (np.cross(x1,x2)) など多くの演算があらかじめ用意されています.

次の例は, $x1 = (1, 0, 0)$, $x2 = (.1, 0.2, 0.3)$ として $x1 + x2$ の演算を行います.

```
import numpy as np
x1 = np.array([1., 0., 0.])
x2 = np.array([.1, .2, 0.3])
x1 + x2
```

```
array([1.1, 0.2, 0.3])
```

次は行列 × ベクトル演算例を示します.

$$\begin{pmatrix} \cos(\theta) & -\sin(\theta) & 0 \\ \sin(\theta) & \cos(\theta) & 0 \\ 0 & 0 & 1 \end{pmatrix} \begin{pmatrix} 1 \\ 0 \\ 0 \end{pmatrix}$$

```
from math import cos, sin
theta = np.pi*60.0/180.0
M = np.matrix([[cos(theta), -sin(theta),0],
               [sin(theta), cos(theta),0],
               [0,0,1]])
M.dot(x1)
```

```
matrix([[0.5      , 0.8660254, 0.      ]])
```

この他に逆行列（np.linalg.inv(M)），固有値問題（np.linalg.eig(M)）など多くの演算があらかじめ用意されています[21].

[2]　scipy

numpyと重複している部分もありますが，numpyより高度な数値演算ライブラリにscipyがあり，FFTや高度な乱数生成や階層クラスタリングを行えます．後述するmatplotlibによる可視化を含むので説明が前後しますが，以下は高次元ガウス分の確率分布をランダムサンプリングし，可視化した例です．

```python
from scipy.stats import multivariate_normal
import matplotlib.pyplot as plt
rv = multivariate_normal([0.5, -0.2], [[3.0, 2.0], [0.1, 0.5]])
Nsample = 2000
x = rv.rvs(Nsample)
plt.scatter(x[:,0], x[:,1], alpha=0.1)
```

上のセルの出力を図2.16に示します．

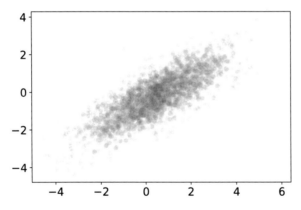

図 2.16　高次元ガウス分布の確率分布をランダムサンプリング例

2.5.2　表形式データ操作モジュール

本書スクリプトでは主としてPandasモジュールを用いて表形式データを読み込みます．多くの例で，Pandasクラス[22]を別名pdとして使用できるようにします．

```python
import pandas as pd
```

カラム名を含めてcsvファイルを読み込み，データフレーム (変数df) を得る例を次に示します．二行目f"{ROOT}/..."のfから始まる文字列は文字列ROOTを置換した文字列を返します．

21　本書では例がありませんが複素数の表示および演算も可能です．

22　Anacondaでは標準でインストールされています．

```
ROOT = ".."
filename = f"{ROOT}/data/TC_ReCo_detail_descriptor.csv"
df = pd.read_csv(filename)
df
```

上のセルの実行例を表 2.1 に示します.

表 2.1　データフレーム表示例

	name	polytyp	Tc	ref	author	link	comment	polytyp2	C_R	C_T	vol_per_atom	Z	f4	d5	L
0	Ce2Co17	Th2Zn17	1100.0	JOURNAL OF APPLIED PHYSICS 85, 4666 (1999)	Bao-gen Shen, et al.	NaN	NaN	Th2Zn17	0.008054	0.068461	13.069350	58.0	1.0	1.0	3
1	Ce2Co7	Ce2Ni7	123.0	Reports on Progress in Physics, 40, 1179 (1977)	K H J Buschow	NaN	NaN	Ce2Ni7	0.015191	0.053168	14.628752	58.0	1.0	1.0	3
2	Ce5Co19	NaN	293.0	A Thesis, In the Department Of Mechanical, Ind...	Tian Wan	https://spectrum.library.concordia.ca /984280/1...	NaN	Ce5Co19	0.014486	0.055048	14.381348	58.0	1.0	1.0	3
3	CeCo2	NaN	0.0	A Thesis, In the Department Of Mechanical, Ind...	Tian Wan	https://spectrum.library.concordia.ca /984280/1...	NaN	MgCu2	0.021786	0.043571	15.300646	58.0	1.0	1.0	3

Jupyter Notebook 内では Web ブラウザの機能を用いて整形して綺麗に表示することが可能です.　データフレームの表示は次のセルの例の全て出力する他に,　上から数件を表示 (head()),　下から数件を表示 (tail()),　ランダムに数件を表示 (sample()) などを行うことができます.

データフレームは,　例えば,　文字列および文字列リストで指定するカラムに対してアクセスが可能です.　.value により numpy のベクトル,　多次元ベクトルに変換します.　本書では（規格化前）説明変数,　目的変数のために,　DESCRIPTOR_NAMES 変数,　TARGET_NAME 変数を用います.　次の例では説明変数として Xraw はサイズ (60,11) の二次元配列,　目的変数として y はサイズ (60) の一次元配列を得ます.

```
DESCRIPTOR_NAMES = ['C_R', 'C_T', 'vol_per_atom', 'Z', 'f4', 'd5', 'L4f',
                    'S4f', 'J4f','(g-1)J4f', '(2-g)J4f']
TARGET_NAME = 'Tc'
Xraw = df[DESCRIPTOR_NAMES].values
y = df[TARGET_NAME].values
```

2.5.3　可視化モジュール

[1]　Pandas

Pandas データフレームは線画 (plot),　散布図 (scatter),　ヒストグラム (hist) などの可視化も可能です.

```
df.plot.scatter(x="C_R",y="Tc")
```

上のセルの出力を図 2.17 に示します.

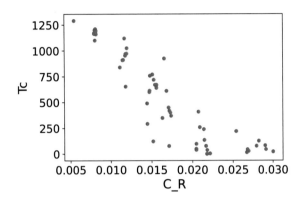

図 2.17 　説明変数 C_R vs 目的変数 TC

[2]　matplotlib

　より基礎的なな可視化ライブラリには別名 plt として利用されることが多い matplotlib モジュールがあります. matpltlib も線画 (plot), 散布図 (scatter), ヒストグラム (hist) などの可視化が可能です.

```
import matplotlib.pyplot as plt
plt.hist(y)
```

上のセルの出力を図 2.18 に示します.

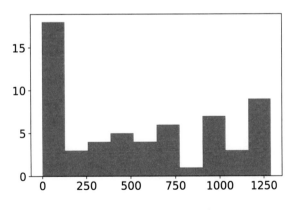

図 2.18 　目的変数 TC ヒストグラム

[3]　seaborn

　より高度な可視化ライブラリに seaborn があります. 例えば, カーネル密度推定 (kdeplot) と

呼ばれる，分布の密度関数を推定した「等高線図」を示すことができます．

```
import seaborn as sns
sns.kdeplot(Xraw[:,0],Xraw[:,2])
plt.scatter(Xraw[:,0],Xraw[:,2])
```

上のセルの出力を図 2.19 に示します．

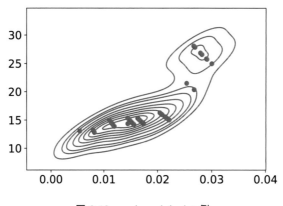

図 2.19　seaborn kdeplot 例

ここでは例を示しませんが，seaborn は Pandas データフレームのカラム名，インデックス名を用いた可視化も行うことができます．

　本書ではこれらの Python パッケージは簡単な機能しか用いません．次の章からはこれらの Python パッケージを既知として Python スクリプトの説明を行っていきます．

第3章

基礎編

3.1　はじめに

　物質科学研究者には連続変数である物性値を予測できる回帰手法を先に行ったほうが興味を持ちやすいと思われるので，簡単な例と物質例のデータを用いて回帰手法の具体例紹介を先に行います．本節では訓練データとテストデータへの分割による予測モデルの作成例の紹介も行います．

スクリプトの表示について　Notebook（拡張子 ipynb）には Python 入力部分（コードセル）と Python の出力部分（出力セル）があり本書では前者は網掛け，後者は表示する場合は網掛けがない四角い枠のみで示します．

3.2　回帰

　本節で説明するスクリプトは{ROOT}/010.regression/に保存されており，同ディレクトリから実行することを想定しています．本節は簡単な例を用いた一組の訓練・テストデータを用いた線形回帰モデル，交差検定を用いた線形回帰モデル学習をまず行い，次に希土類コバルト合金データを用いた学習を行います．

3.2.1　一組の訓練・テストデータを用いた線形回帰モデルの学習と適用

　観測データを訓練データ，テストデータ分離し，線形回帰モデルを用いて予測モデルを作成し，未知データに対して適用します．以下のスクリプトはディレクトリ 010.regression から実行することを想定して記載されています．スクリプトは同ディレクトリのファイル 010.050.text.linear_regression.ipynb に保存されています．以下のスクリプトは jupter notebook の入力セルを模していますが，多くの出力は本文側に入れています．

[1]　データ紹介
最初に用いるデータは物質データではなく簡単な式から作成したデータを用います．

- 説明変数 $\vec{x}$ は (x1, x2, x3, x4, x5, x6)=$(x, x^2, x^3, x^4, x^5, \sin(x))$,
- 目的変数値 y は $\sin(x) + N(0, \text{scale}^2)$, scale=0.1

から作成しています．ここに $N(\mu, \sigma^2)$ は平均値 μ，分散 σ^2 の正規分布です．観測データは $[0, 6)^1$，の範囲で作成されており．ファイル{ROOT}/data_calculated/x5_sin.csv に保存されています．新規データは $[6,10)$ の範囲で作成されており，ファイル {ROOT}/data_calculated/x5_sin_new.csv に保存されています．

[2]　データ収集
　ファイルに保存された csv ファイルをデータフレームを用いて読みます．ディレクトリ

1　0 以上 6 未満の意味です．

0100.regression から実行することを想定していますので ROOT は ".." としています．説明変数が DESCRIPTOR_NAMES，目的変数が TARGET_NAME カラムに入っています．変数 Xraw と変数 y が生説明変数と目的変数です．N=60，P=6 として，変数 Xraw はサイズ (N, P) の二次元配列で，変数 y はサイズ (N) の一次元配列です．

```python
import numpy as np
import pandas as pd
import os
import matplotlib.pyplot as plt
# データファイル名の設定
ROOT = ".."
filename = f"{ROOT}/data_calculated/x5_sin.csv"
# 説明変数，目的変数カラムの設定
DESCRIPTOR_NAMES = ['x1', 'x2', 'x3', 'x4', 'x5', 'x6']
TARGET_NAME = "y"
df_obs = pd.read_csv(filename) # データファイルの読み込み
Xraw = df_obs.loc[:, DESCRIPTOR_NAMES].values # 説明変数
y = df_obs.loc[:, TARGET_NAME].values # 目的変数
```

[3] データ加工

　StandardScaler 関数を用いて Z-score Normalization を行います．変数 X が加工済みの説明変数です．

```python
from sklearn.preprocessing import StandardScaler
scaler = StandardScaler()
scaler.fit(Xraw)
X = scaler.transform(Xraw)
```

[4] データからの学習

訓練データへのモデル当てはめ　25% をテストデータとして，ランダムに並び替えて訓練データ，テストデータに分離します．変数名は以下の対応をしています．

- Xtrain: 訓練データ説明変数
- Xtest: テストデータ目的変数
- ytrain: テストデータ説明変数
- ytest: テストデータ目的変数

N_{train}=45, N_{test}=15 として Xtrain はサイズ (N_{train}, P) の配列，変数 Xtest はサイズ (N_{test}, P) の配列，変数 ytrain はサイズ (N_{train}) の配列，変数 ytest はサイズ (N_{test}) の配列です．

```
from sklearn.model_selection import train_test_split
Xtrain, Xtest, ytrain, ytest = \
                    train_test_split(X, y, test_size=0.25,
                                    shuffle=True, random_state=1)
```

LinearRegression クラスのインスタンス (変数 reg) を生成し，訓練データを用いてモデル学習し，線形回帰モデルの係数を出力します．

```
from sklearn.linear_model import LinearRegression
reg = LinearRegression()
reg.fit(Xtrain, ytrain)
print("coef", reg.coef_)
print("intercept", reg.intercept_)
```

係数（reg.coef_）と切片（reg.intercept_）として以下の値が出力されます[2]．

coef [0.43590645 0.60081652 -5.96617029 7.3938494 -2.58678676 0.5179501]
intercept 0.006392195487385913

以下では括弧を省略して変数名を記します．

訓練データ予測値 (変数 ytrainp, 配列サイズ (N_{train}, P)), テストデータ予測値 (変数 ytestp, 配列サイズ (N_{test}, P))) を得ます．

```
ytrainp = reg.predict(Xtrain)
ytestp = reg.predict(Xtest)
```

予測モデルの評価 テストデータに対して評価指標値 (RMSE, MAE, R^2) を計算します．

```
# Python module の import
from sklearn.metrics import r2_score
from sklearn.metrics import mean_squared_error
from sklearn.metrics import mean_absolute_error
# RMSE, MAE, R2 の値を得る.
rmse = np.sqrt(mean_squared_error(ytest, ytestp))
mae = mean_absolute_error(ytest, ytestp)
r2 = r2_score(ytest, ytestp)
print("RMSE, MAE, R2", rmse, mae, r2)
```

評価指標値として以下の値が出力されます．

---

2 四捨五入しています．数値は Python およびライブラリにより変わる可能性があります．

RMSE, MAE, R2 0.013899446631202718 0.011713090630132771 0.9994647913064026

[5] 新規データへの適用

　新規データを取得して規格化を行い予測を得ます．N_{new}＝40 として，変数 Xnew はサイズ (N_{new}, P) の配列，変数 ynew と変数 ynewp はサイズ (N_{new}) の配列です．

```
filename_new = f"ROOT/data_calculated/x5_sin_new.csv"
df_new = pd.read_csv(filename_new) # 新規データを含むファイルを読む.
Xraw_new = df_new.loc[:, DESCRIPTOR_NAMES].values # 新規データ説明変数
ynew = df_new.loc[:, TARGET_NAME].values # 新規データ目的変数
Xnew = scaler.transform(Xraw_new) # 説明変数を同じ scaler で変換.
ynewp = reg.predict(Xnew) # 新規データ目的変数予測値
```

[6] 結果解釈

　上のスクリプトではわざと各過程で可視化による結果解釈を行いませんでした．物理や化学を行っている方は可視化を補助的な表現方法として軽視しがちですが，それぞれの過程で可視化を伴った結果解釈を行わないと理解が難しいことが分かったと思います．以下では各過程の可視化を行っていきます．

```
fig, axes = plt.subplots(1, 2) # 1x2 の図
axes[0].plot(Xraw, ".-") # 左図は index vs Xraw, マーカー".-"
axes[1].plot(X, ".-") # 右図は index vs X
plt.xlabel("x1") # 横軸ラベル "x1"
plt.ylabel("y") # 縦軸ラベル "y"
```

上のセルの出力図を図 3.1 に示します．横軸データインスタンスインデックスに対して左図は生説明変数値，右図は規格化済み説明変数値を比較します．生説明変数値は 0 から 7000 まで値の変化がありますが，右図の規格化を行った後では各変数の変化の範囲がほぼ同じ大きさになります．

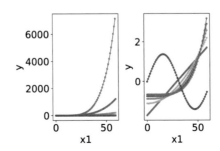

図 3.1　左：生説明変数値，右：規格化された説明変数値

　次に横軸 x1 に対して縦軸を観測データと新規データとして可視化します．

```
plt.plot(X[:, 0], X[:, 1:], ".-") # X に対して x1 vs (x2,...)
# 上はマーカー".-", 下はマーカー"o"
plt.plot(Xnew[:, 0], Xnew[:, 1:], "o") # Xnew に対して x1 vs (x2,...)
plt.xlabel("x1") # 横軸ラベル "x1"
plt.ylabel("X") # 縦軸ラベル "y"
```

　上のセルの出力を図 3.2 に示します．それぞれマーカー.-とマーカー o を用いて表示します[3]．新規データは観測データに対して大きく離れた外挿領域にも説明変数が存在します．

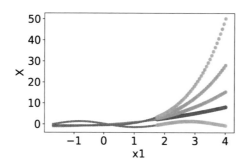

図 3.2　規格化された観測説明変数値 (.-) と規格化された説明変数値 (o)

　次に観測データが訓練データとテストデータにどう分割されたかを可視化します．

```
plt.plot(Xtrain[:, 0], Xtrain[:, 1:], ".") # 訓練データで x1 vs (x2,...)
# 上はマーカー., 下はマーカー o
plt.plot(Xtest[:, 0], Xtest[:, 1:], "o", markersize=10)  # テストデータ
plt.tight_layout() # 図が印刷可能範囲を出ないようにする.
```

　上のセルの出力を図 3.3 に示します．今回は横軸が x1 で縦軸がその他の説明変数を表します．

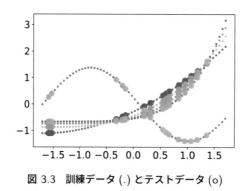

図 3.3　訓練データ (.) とテストデータ (o)

3　以下では観測データ（.-）と新規（o）と説明します．

訓練データ (.) に存在しないデータインスタンスがテストデータ (o) となっていることが見て取れます.

最後に観測目的変数値対予測目的変数値を表示します.

```
fig, axes = plt.subplots(1, 2) # 1x2 の図を定義
axes[0].plot(ytrain, ytrainp, ".") # 左図で (ytrain vs ytrainp)
axes[0].plot(ytest, ytestp, "o") # 左図で (ytest vs ytestp)
axes[0].set_aspect("equal", "box") #各軸を等しい比で表示
axes[1].plot(ynew, ynewp, "x") # 右図は (ynew vs ynewp)
axes[1].set_aspect("equal", "box") # 右図も軸を等比で表示
fig.tight_layout()
```

上のセルの出力を図 3.4 に示します. 左図が観測データ, 右図が新規データに対する図で横軸が目的変数観測値, 縦軸がその予測値で, 左図の観測データの表示は更に訓練データ (.) とテストデータ (o) に別れます. 図の縦横軸比はそれぞれの図で同じになるようにスケールされています. 右図は縦軸の値の範囲が横軸の約 9 倍あるので縦長の図で表示されています. 性能評価値から判断すると観測データでは妥当な予測モデルで, 実際に観測値と予測値がほぼ同じ値であることを左図は示します. しかし, 右図の外挿領域となる新規データ (x) に対しては目的変数値と予測値が大きく異なっており妥当な予測ができていないことが分かります.

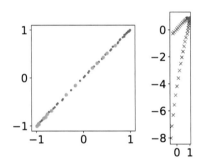

図 3.4　左：観測データ目的変数値と予測値. 右：新規データ目的変数値と予測値

3.2.2　交差検定を用いた回帰モデル学習と適用

同じデータに対して交差検定を用いてそれぞれのハイパーパラメタを変えた時の予測回帰モデルの性能評価指標を計算し, 最適なハイパーパラメタの値を決定し, 最も妥当な予測モデルを選択し回帰モデルを学習し, 新規データに対して予測値を得ます. 随時可視化による結果解釈も行います. スクリプトはファイル 010.055.text.linear_regression-CV.ipynb に保存されています.

[1]　データ収集
再び, 既存ファイルからデータを読み込みます.

```python
import numpy as np
import pandas as pd
import matplotlib.pyplot as plt
np.set_printoptions(precision=3)
# ファイル名の定設定
ROOT = ".."
filename = f"{ROOT}/data_calculated/x5_sin.csv"
# 説明変数カラム，目的変数カラムの設定
DESCRIPTOR_NAMES = ['x1', 'x2', 'x3', 'x4', 'x5', 'x6']
TARGET_NAME = "y"
df_obs = pd.read_csv(filename) # データファイルの読み込み
Xraw = df_obs.loc[:, DESCRIPTOR_NAMES].values # 生説明変数
y = df_obs.loc[:, TARGET_NAME].values # 目的変数
```

[2]　データ加工

StandardScaler 関数で Z-score normalization による規格化を行います．

```python
from sklearn.preprocessing import StandardScaler
scaler = StandardScaler()
scaler.fit(Xraw)
X = scaler.transform(Xraw)
```

[3]　データからの学習

予測モデルの評価と予測モデル選択を行います．

予測モデルの評価　N_SPLITS で指定する五回交差検定による評価指標値の計算を行います．
関数を参照する変数 score_function で r2_score 関数などの回帰性能評価指標を指定できます．

```python
from sklearn.linear_model import Lasso
from sklearn.metrics import r2_score
from sklearn.model_selection import KFold
# 計算パラメタ設定
N_SPLITS = 5 # 五回交差検定
SHUFFLE = True # KFold で shuffle をするかどうか.
score_function = r2_score # 評価指標
# 性能評価値を保存する変数の定義
train_score_list = [] # これから値を入れる
test_score_list = [] # これから値を入れる
```

```
alpha_list = np.logspace(-5, -1, 20) # 用いる alpha の値のリスト
# hyperparameter loop
for alpha in alpha_list:
    reg = Lasso(alpha=alpha)
    # CV setting
    kf = KFold(n_splits=N_SPLITS, shuffle=SHUFFLE,
               random_state=1)
    # CV loop
    cv_train_score_list = []
    cv_test_score_list = []
    for train, test in kf.split(X): # train, test はインデックスが入る.
        Xtrain, ytrain = X[train], y[train] # 訓練データ
        Xtest, ytest = X[test], y[test] # テストデータ
        reg.fit(Xtrain, ytrain) # 訓練データを用いて fit
        ytrainp = reg.predict(Xtrain) # 訓練データへの予測値
        ytestp = reg.predict(Xtest) # テストデータへの予測値
        # 評価指標の計算と保存
        trainscore = score_function(ytrain, ytrainp)
        cv_train_score_list.append(trainscore)
        testscore = score_function(ytest, ytestp)
        cv_test_score_list.append(testscore)
# 訓練データ，テストデータに対する評価指標値の平均値と標準偏差を保存
    train_score_list.append([np.mean(cv_train_score_list),
                             np.std(cv_train_score_list), alpha])
    test_score_list.append([np.mean(cv_test_score_list),
                            np.std(cv_test_score_list), alpha])
```

評価指標として R^2(変数 r2_score) を用いました．score_function を以下に変更すると MAE，MSE，RMSE を用いることができます．

```
from sklearn.metrics import mean_squared_error # もしくは mean_absolute_error
score_function = mean_squared_error # もしくは mean_absolute_error
```

上は書き換え用のスクリプトであることに注意してください．なお，RMSE を用いる場合は評価後に np.sqrt()[4]も行ってください[5]．

それぞれデータフレームに変換してから同じハイパーパラメタ（alpha）の値で結合します．

---

4 numpy version によっては math.sqrt()

5 cross_val_score 関数や cross_validate 関数でも交差検定の評価指標を得ることができます．

```
columns_list = ["mean(R2)_train", "std(R2)_train", "alpha"]
df_train_score = pd.DataFrame(train_score_list, columns=columns_list)
columns_list = ["mean(R2)_test", "std(R2)_test", "alpha"]
df_test_score = pd.DataFrame(test_score_list, columns=columns_list)
df_score = df_train_score.merge(df_test_score, on="alpha") # まとめ
df_score # Jupyter Notebook でのデータフレームの表示
```

上のセルの出力を表 3.1 に示します．df_score は df_train_score と df_test_score を一つに
まとめたインデックス alpha に対して，訓練データ，テストデータの R2 カラムを持つデータフ
レームとなります．このようにデータフレームはデータをカラム名を含めてまとめる際に便利
です．

表 3.1　df_score の一部

	mean(R2)_train	std(R2)_train	alpha	mean(R2)_test	std(R2)_test
0	0.999810	0.000020	0.000010	0.999684	0.000164
1	0.999810	0.000020	0.000016	0.999683	0.000164
2	0.999810	0.000020	0.000026	0.999683	0.000166
3	0.999812	0.000020	0.000043	0.999684	0.000160
4	0.999810	0.000021	0.000070	0.999688	0.000155
5	0.999809	0.000021	0.000113	0.999690	0.000152
6	0.999808	0.000021	0.000183	0.999694	0.000147
7	0.999807	0.000021	0.000298	0.999698	0.000142

ファイル regression_misc.py 内で定義されたユーザー定義 plot_alpha_yerror 関数を用いて
alpha 対評価指標値を可視化します．

```
from regression_misc import plot_alpha_yerror
plot_alpha_yerror(df_score)
```

上のセルの出力を図 3.5 に示します．このデータでは log10(alpha) が −2 以下ではほぼ一定値
となりました．

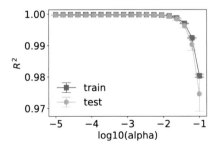

図 3.5　ハイパーパラメタ (alpha) に対する訓練データ，テストデータに対する R^2 の平均値と標準
偏差

予測モデル選択　R^2 の最大値を出すトライアル回のインデックスを np.argmax 関数で得ることができます．alpha の最適値 (alpha_opt) を用いて，全観測データを用いて回帰モデルを学習し直します．

```
imax = np.argmax(df_score["mean(R2)_test"])
alpha_opt = df_score.loc[imax, "alpha"] # alpha の最適値
print("alpha_opt", alpha_opt)
reg = Lasso(alpha=alpha_opt) # alpha の最適値を用いたモデルを作り直す
reg.fit(X, y) # 学習
print(reg.coef_, reg.intercept_) # 回帰係数と切片の表示
yp = reg.predict(X) # 予測
```

上のセルの出力は以下になります．

```
alpha_opt 0.0012742749857031334
[-0.003 -0.    -0.    -0.    -0.     0.718] 0.008231011667792481
```

回帰係数の第六要素は sin 項の係数です．この例の場合は Lasso によりほぼ sin 項からなる線形モデルが学習されました．

　次に，交差検定でテストデータに対する予測値を評価します．

```
from regression_misc import plot_y_yp
reg = Lasso(alpha=alpha_opt) # alpha の最適値を用いる．
# 交差検定の設定
kf = KFold(n_splits=N_SPLITS, shuffle=SHUFFLE, random_state=1)
ytest_list = [] # 空. 以下のループで値を入れる
ytestp_list = [] # 空. 以下のループで値を入れる
# CV loop
for train, test in kf.split(X):
    Xtrain, ytrain = X[train], y[train] # 訓練データ
    Xtest, ytest = X[test], y[test] # テストデータ
    reg.fit(Xtrain, ytrain) # 訓練データで学習
    ytrainp = reg.predict(Xtrain) # 訓練データ予測値
    ytestp = reg.predict(Xtest) # テストデータ予測値
    ytest_list.append(ytest) # リストへの追加
    ytestp_list.append(ytestp)
plot_y_yp(ytest_list, ytestp_list) # テストデータ（目的変数，予測値）の可視化
```

上のセルの出力である目的変数観測値 y_{test}^{obs} 対目的変数予測値 y_{test}^{pred} を図 3.6 に示します．

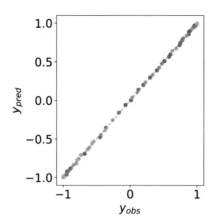

図 3.6　交差検定によるテストデータ目的変数値と予測値

[4]　新規データへの適用

新規データに対して以下のように予測値 (変数 ynewp) を得ることができます.

```
filename_new = f"ROOT/data_calculated/x5_sin_new.csv"
df_new = pd.read_csv(filename_new) # 新規データの読み込み
Xraw_new = df_new.loc[:, DESCRIPTOR_NAMES].values # 新規データ生説明変数
ynew = df_new.loc[:, TARGET_NAME].values # 目的変数
Xnew = scaler.transform(Xraw_new) # 訓練データと同じ scaler を用いる
ynewp = reg.predict(Xnew) # 予測
```

最後にこの目的変数値と予測値を図示します.

```
plot_y_yp(ynew, ynewp)
```

上のセルの出力を図 3.7 に示します.

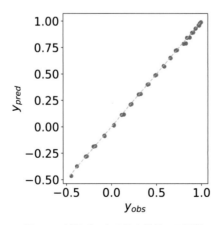

図 3.7　新規データ目的変数値と予測値

（答えを知っているから分かるのですが，）この新規データの範囲では妥当な予測ができたと言えるでしょう．一般には外挿領域の予測が妥当にできるわけではありません．目的変数値が作られたモデルが sin 関数により作成され，説明変数にも sin 関数を用いており，更に Lasso によりほぼ sin 項が選択された線形モデルが学習されたためです．この予測モデルでも更に x1 が大きな領域では妥当な予測に失敗するはずですし，一般的に新規データが観測データの外挿領域にある場合は妥当な予測を行うのは難しくなります．

x1 に対する目的変数値を図示します．

```
from regression_misc import plot_x1_y
plot_x1_y(X, y, yp, Xnew, ynew, ynewp )
```

上のセルの出力を図 3.8 に示します．観測値に対する値がマーカー o，予測値に対する値がマーカー x で示されます．この例の場合は x1 が観測データから大きく離れた外挿領域でも妥当な予測を行うことができました．物質科学の実データではこのような幸運は起きることは少ないでしょう．

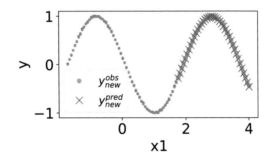

図 3.8　x1 に対する観測データ目的変数値 (.) と新規データ予測値 (x) と観測値 (o)

[5]　LassoCV を用いた予測モデル学習

同じことを LassoCV クラスを用いて行います．

```
from sklearn.linear_model import LassoCV
kf = KFold(N_SPLITS, shuffle=True, random_state=1) # 交差検定
reg = LassoCV(cv=kf, alphas=alpha_list) # alpha_list の中で交差検定
reg.fit(X, y) # 学習
print("alpha", reg.alpha_) # alpha_list の中で最適な alpha
print("coef", reg.coef_) # 回帰係数
```

上のセルの出力は以下になります．

```
alpha 0.0007847599703514606
coef [-0.004 -0.    -0.    -0.    -0.     0.719]
```

乱数固定の仕方が異なるので前パラグラフの回帰で決定されたハイパーパラメタと学習された回

帰モデルが全く同じにはならないかもしれませんが，sin 項係数が 0.719，x1 の係数が-0.004，他の係数が 0 の線形回帰モデルを学習できました.

　交差検定のテストデータの評価指標値は以下のようにしても求まります．標準で R^2 を求めますが，評価指標の変更法を示すために scoring 引数を顕に書いています.

```python
from sklearn.model_selection import cross_val_score
from sklearn.metrics import make_scorer
result = [] # 空
for alpha in alpha_list: # alpha loop
    kf = KFold(N_SPLITS, shuffle=True, random_state=1) # 交差検定
    reg = Lasso(alpha=alpha) # 各 alpha での Lasso に対して
    # 交差検定で r2_score 評価指標を計算
    score_test = cross_val_score(reg, X, y, cv=kf,
                                 scoring=make_scorer(r2_score))
    # 平均と標準偏差を保存
    result.append([alpha, np.mean(score_test), np.std(score_test)])
    # データフレームに変換
df_result = pd.DataFrame(result,
                         columns=["alpha", "mean(R2)_test", "std(R2)_test"])
plot_alpha_yerror(df_result) # 可視化
```

上のセルの出力を図 3.9 に示します[6].

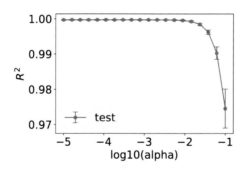

図 3.9　ハイパーパラメタに対する R^2 依存性

　演習問題にはしませんが，Lasso クラスを Ridge クラスに置き換えてこのスクリプトを実行させてみてください[7]．新規データで外挿領域となる説明変数領域ほど目的変数の観測値と予測値の差が大きい結果が得られます.

6　同様にテストデータの複数の評価指標値を同時に求められる cross_validate 関数，テストデータの予測値を求める cross_val_predict 関数があります.

7　LassoCV も RidgeCV に置き換えてください.

3.2.3 希土類コバルト合金の Tc の予測モデル学習

前節までで回帰モデル学習法を理解できたと思います．次は，物質データである希土類コバルト合金データに対してカーネルリッジ回帰モデルを用いて予測モデルを学習します．ここでは，GridSearchCV クラスを用いて RBF カーネルを用いたカーネルリッジ回帰モデルのハイパーパラメタを同時に最適化しています．得られた最適なハイパーパラメタを用いて全データに対して回帰モデルを学習し直し，予測値を得ています．スクリプトはファイル 010.060.text.RETM-KR.ipynb に保存されています．

[1] データ収集

既存ファイルからデータを読み込みます．交差検定で使用する初期乱数値 (定数 RANDOM_STATE) も定義しています．

```
import numpy as np
import pandas as pd
import matplotlib.pyplot as plt
ROOT = ".."
# ファイル名の設定
filename = f"{ROOT}/data/TC_ReCo_detail_descriptor.csv"
# 説明変数カラム，目的変数カラムの設定
DESCRIPTOR_NAMES = ['C_R', 'C_T', 'vol_per_atom', 'Z', 'f4', 'd5', 'L4f',
                    'S4f', 'J4f','(g-1)J4f', '(2-g)J4f']
TARGET_NAME = 'Tc'
RANDOM_STATE = 5 # 乱数設定
df_obs = pd.read_csv(filename) # ファイルから読み込み
Xraw = df_obs.loc[:, DESCRIPTOR_NAMES].values # 生説明変数
y = df_obs.loc[:, TARGET_NAME].values # 目的変数
```

[2] データ加工

StandardScaler 関数で Z-score normalization による規格化を行います．

```
from sklearn.preprocessing import StandardScaler
scaler = StandardScaler()
scaler.fit(Xraw)
X = scaler.transform(Xraw) # 生説明変数を（加工済み）説明変数に変換
```

[3] データからの学習

データから予測モデルを学習し，予測モデルの評価を行います．RBF カーネルを用いたカーネルリッジ回帰モデルで GridSearchCV クラスを用いた回帰モデルの学習を以下に書いていま

す[8]. ここでは 10 回交差検定による評価指標値の計算を行います. 最適化には MSE を用いており, 最良のハイパーパラメタを最後に表示します. 交差検定過程の詳細は kr.cv_results_ から参照できます.

```python
from sklearn.model_selection import KFold
from sklearn.kernel_ridge import KernelRidge
from sklearn.model_selection import GridSearchCV
nfold = 10
kf = KFold(nfold, shuffle=True, random_state=RANDOM_STATE) # 交差検定
estimator = KernelRidge(alpha=1 , gamma=1, kernel="rbf") # 回帰モデル
param_grid = {"alpha": np.logspace(-6, 0, 11),
              "gamma": np.logspace(-5, 0, 11)} # ハイパーパラメタの値の範囲設定
reg_cv = GridSearchCV(estimator,  cv=kf, param_grid=param_grid)
reg_cv.fit(X, y) # 交差検定で最適なハイパーパラメタを得て最後に一つ回帰モデルを学習
print("best hyperparameter")
print(reg_cv.best_params_)
```

上のセルの出力は以下になります.

```
best hyperparameter
{'alpha': 6.309573444801929e-05, 'gamma': 0.00031622776601683794}
```

最良のハイパーパラメタが上の値として求まりました.

観測データに対する予測値を評価, 可視化し, 評価指標 (R^2) を計算します. なお, ここでの R^2 は交差検定のものではなく, 全観測データを用いて学習した回帰モデルを用いて全観測データに対して予測した値から求めています.

```python
from regression_misc import plot_y_yp
from sklearn.metrics import r2_score
yp = reg_cv.predict(X) # 予測
kr_score = r2_score(y, yp) # R21 の評価
print("R2=", kr_score)
plot_y_yp(y, yp) # 可視化
```

上のセルの出力は以下になります.

```
R2= 0.9674432136794728
```

8   GridSearchCV は Lasso のようなハイパーパラメタが一つの回帰モデルに用いることもできます. 例えば, estimator を Lasso(), param_grid を{"alpha": np.logspace(-6, 0, 11)}として使用します.

上の R^2 値を得ました．セルの出力図を図 3.10 に示します．

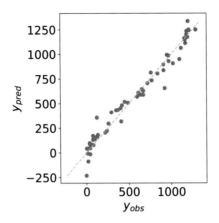

図 3.10 目的変数値とカーネルリッジ回帰モデルによる観測値に対する予測値．

　上のことをまとめて行う cross_validate 関数が scikit-learn で用意されています．cross_validate 関数を用い，選択された最適なハイパーパラメタ値を用いて交差検定によるテストデータの評価指標を求める計算例を以下に示します．R^2 は 0.940 ± 0.045 となります．次のセルの出力では cross_val_predict を用いた交差検定によるテストデータの観測値に対する予測値を示します．

```
from sklearn.model_selection import cross_validate, cross_val_predict
from sklearn.metrics import make_scorer
kf = KFold(nfold, shuffle=True, random_state=RANDOM_STATE) # 交差検定
# 最良ハイパーパラメタを用いたモデル作成
reg = KernelRidge(alpha=reg_cv.best_params_["alpha"],
                  gamma=reg_cv.best_params_["gamma"], kernel="rbf")
# 交差検定での評価指標値の計算
cv_results = cross_validate(reg, X, y, scoring=make_scorer(r2_score), cv=kf)
print(np.mean(cv_results["test_score"]), np.std(cv_results["test_score"]))
kf = KFold(nfold, shuffle=True, random_state=RANDOM_STATE) # 交差検定
yp = cross_val_predict(reg, X, y, cv=kf) # 交差検定予測値
plot_y_yp(y, yp) # 可視化
```

上のセルの結果を図 3.11 に示します[9]．データ新インスタンス数が小さいこともあり，乱数により結果は大きく変わりますが，妥当な予測モデルができたと言えるでしょう．

9　cross_validate 関数と cross_val_predict 関数とで fit と predict を二度行っています．

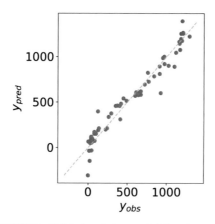

図 3.11　キュリー温度観測値に対するカーネルリッジ回帰モデルによる交差検定の予測値

3.2.4　演習問題

（多重）共線性は線形回帰モデルを用いる際の困難の一つです．これに対する罰則項の効果について，追加説明を問題 1 で行います．問題 2 では scikit-learn で用いることができる他の回帰モデルの適用を行います．

問題 1

回帰係数は reg.coef_ で与えられます．本文で用いたファイル x5_sin.csv の観測データを用いて 10 回交差検定で，罰則項無し線形回帰モデル，Lasso，リッジ回帰で各交差検定過程での回帰係数を比較してください．

回答　スクリプト 010.110.answer.linear_regression.ipynb がデータ生成以外の過程を行えます．スクリプト始めにある

```
DATA_NAME = "x5_sin"
NORMALIZATIONTYPE = "standard"
REGTYPE = "linear" # "linear", "lasso", "ridge"
RANDOM_STATE = 1 # random state of train_test_split
```

で計算条件を設定します．REGTYPE を変えることで交差検定各過程で則項無し線形回帰モデル，Lasso，リッジ回帰での係数の計算が可能です．結果を図 3.12 にまとめます．横軸の交差検定回数値に対して，縦軸が各線形回帰モデルでの係数の値を示します．凡例の 0-5 は 6 つの係数をそれぞれ示します．

交差検定過程（CV set index）で異なるのは訓練データ・テストデータの分け方のみです．Lasso やリッジ回帰と比べると罰則項が無い線形回帰モデルでは係数の絶対値が大きく，変化量も大きいことがわかります．罰則項が無い線形回帰モデル (linear) のみが縦軸の符号まで異なります．これは，観測誤差や数値誤差のために重回帰分析でしばしば問題になる（多重）共線性が現れ係数が一意に求まらないためです．一方，Lasso やリッジ回帰では大域的最適解として解が一つに求まるためにこの問題が起きていないのがわかります．

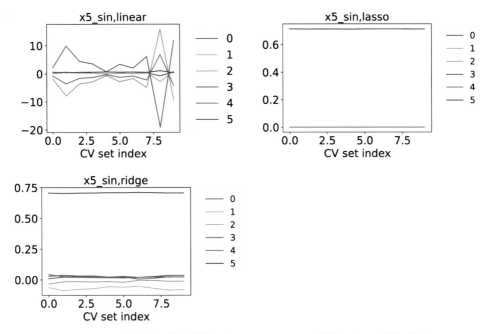

図 3.12　罰則項無し線形回帰モデル，Lasso，リッジ回帰モデルの係数の変化

問題 2

以下のように定義するランダムフォレスト回帰モデルを用いて希土類コバルト合金データに対して回帰モデル学習を行い性能評価を行ってください.

```
from  sklearn.ensemble import RandomForestRegressor
reg = RandomForestRegressor()
```

解答　ファイル 010.120.answer.RECo_other_reg.ipynb にスクリプト例を置きます. Tc 観測値対交差検定による予測値を図 3.13 に示します.

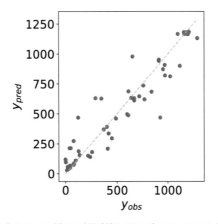

図 3.13　希土類コバルト合金の Tc に対する観測値とランダムフォレスト回帰モデルによる交差検定　　予測値

scikit-learn は reg を回帰モデルインスタンスして，どの回帰モデルでも reg.fit() で学習し，reg.predict() で予測値を得る，と使い方が統一されています．ここで用いたランダムフォレスト回帰モデル以外にも，サポートベクターマシン回帰などの回帰モデルを簡単に試すことができます．例えば，以下はscikt-learn のサンプルにあるサポートベクターマシン回帰モデルの定義例です[10]．各自交差検定で最も予測性能が高い回帰モデルを探してみてください[11]．

```
from sklearn.svm import SVR
svr_rbf = SVR(kernel="rbf", C=100, gamma=0.1, epsilon=0.1)
svr_lin = SVR(kernel="linear", C=100, gamma="auto")
svr_poly = SVR(kernel="poly", C=100, gamma="auto", degree=3,
               epsilon=0.1, coef0=1)
```

3.3　次元圧縮

本節で説明するスクリプトは{ROOT}/020.dimensionality_reduction/に保存されており，同ディレクトリから実行することを想定しています．本節は 15 次元の説明変数を持つ炭素結晶構造データを用いますが，説明変数が高次元では説明変数が具体的に何を表現しているのか理解するのも困難です[12]．本節ではこのデータを二次元に次元圧縮し可視化し，説明変数空間がある程度は物理化学的に理解できるようになることを示します．

3.3.1　炭素結晶説明変数の次元圧縮

炭素結晶構造データを用います．$N=144$, $P=15$ として説明変数（変数 X) は (N, P) サイズの配列の（加工済み）説明変数です．Z-score normalization で説明変数をデータ規格化し PCA，MDS，t-SNE で次元圧縮後に可視化し結果解釈する例を示します．本スクリプトはファイル 020.050.text.dimentionality_reduction_carbon8.ipynb に保存されています．

```
import numpy as np # 各 module の import
import seaborn as sns
import pandas as pd
import os
import matplotlib.pyplot as plt
%matplotlib inline
```

[1]　データ収集
ファイルからデータを読み込みます．df_obs の "sp_label" カラム (定数 SPLABEL) は原子

10　C は 1/alpha に対応したハイパーパラメタです．

11　C=10^4 程度に大きくしたほうが高い予測性能値を示します．

12　変換式が分かっていればそこから物理化学的な知識を元に議論することは可能です

環境を表します．このカラムには sp(sp 環境), sp2_edge (sp^2 の原子間結合角度を持つがグラフェンナノリボン端の炭素環境), sp2(sp^2), sp2_tube(ナノチューブの sp^2), sp3(sp^3) を記載しています[13]．

```
from sklearn.preprocessing import StandardScaler
# ファイル名とデータファイルの読み込み
ROOT = ".."
dirname = f"{ROOT}/data_calculated"
filename = os.path.join(dirname,
                        "Carbon8_descriptor_selected_sp.csv")
df_obs = pd.read_csv(filename, index_col=[0, 1]) # 原子環境名を含むデータ
filename = os.path.join(dirname,
                        "Carbon8_descriptor.csv")
df_all = pd.read_csv(filename, # 原子環境名を含まない全データ
                     index_col=[0, 1])
# 説明変数カラム名と SPLABEL カラム名の設定
DESCRIPTOR_NAMES = ['a0.25_rp1.0', 'a0.25_rp1.5', 'a0.25_rp2.0',
                    'a0.25_rp2.5', 'a0.25_rp3.0', 'a0.5_rp1.0',
                    'a0.5_rp1.5', 'a0.5_rp2.0', 'a0.5_rp2.5',
                    'a0.5_rp3.0', 'a1.0_rp1.0', 'a1.0_rp1.5',
                    'a1.0_rp2.0', 'a1.0_rp2.5', 'a1.0_rp3.0']
SPLABEL = "sp_label"
```

[2] データ加工

　StandardScaler を用いて Z-score nomarization を行いデータ規格化します．全データは新規データととして用いるので Xnew を用いています．N_{new}=3650 として X_new は (N_{new}, P) サイズの配列です．

```
Xraw = df_obs.loc[:, DESCRIPTOR_NAMES].values
scaler = StandardScaler()
scaler.fit(Xraw)
X = scaler.transform(Xraw) # 生説明変数から（加工済み）説明変数への変換
# すでに学習した scaler を全データに適用する．
Xraw_new = df_all.loc[:, DESCRIPTOR_NAMES].values # 生説明変数
X_new = scaler.transform(Xraw_new)
# （加工済み）説明変数へ変換．新規データとして扱う．
```

13　人が目視で原子環境を確認し記載しました．

[3]　データからの学習と結果解釈

　寄与率と累積寄与率を計算し，可視化します．ndim が X の説明変数の数で PCA で与えられる最大の次元です．全次元を用いて PCA により変換[14]を行い，寄与率 (pca.explained_variance_ratio) および，累積寄与率 (esum) を計算します．

```
from sklearn.decomposition import PCA
ndim = X.shape[1]
pca = PCA(ndim)
pca.fit(X) # 学習. 寄与率が得られる.
# 可視化のための index 生成
indx = [i for i in
        range(1, len(pca.explained_variance_ratio_)+1)]
# 累積寄与率値の生成
esum = [np.sum(pca.explained_variance_ratio_[:i+1]) for i in
        range(len(pca.explained_variance_ratio_))]
```

これらを可視化します．

```
from dimred_misc import plot_expratio
plot_expratio(indx, pca.explained_variance_ratio_, esum)
```

セルの出力を図 3.14 に示します．このデータは一次元目で既に 0.8，二次元目で 0.9 の大きな累積寄与率を示すので二次元で十分に説明変数空間を記述できることが期待されます．教師あり学習に適用する場合にこの考え方が正しいかについて演習問題 1 で簡単に議論します．

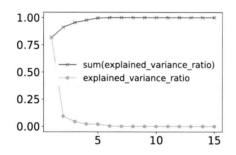

図 3.14　圧縮次元（横軸）に対する寄与率，累積寄与率

　PCA, MDS, t-SNE で二次元に次元圧縮します．変数 X_rd, X_rd_new が次元圧縮後の説明変数で，$P_{rd}=2$ として，それぞれサイズ (N, P_{rd}), (N_{new}, P_{rd}) の配列です．

14　次元圧縮ですが全次元を用いるので変換と書きました．

```
from sklearn.decomposition import PCA
ndim = 2
pca = PCA(ndim) # PCA で二次元に変換することを定義.
pca.fit(X) # X で学習
X_rd = pca.transform(X) # X を変換
X_rd_new = pca.transform(X_new) # X_new を変換
```

X_rd を SPLABEL の値を含めて可視化します.

```
from dimred_misc import scatterplot_rd
scatterplot_rd(X_rd, df_obs[SPLABEL].values, X_rd_new)
```

上のセルの出力を図 3.15 に示します. 原子環境を示す sp_label ごとに表示マーカーを変えています. 紙面の都合で可視化のためのユーザー定義 scatterplot_rd 関数は同ディレクトリの dimred_misc ファイルに含まれます. 濃淡を見ると sp3, (sp2,sp2_tube), (sp, sp2_edge), 更にその右上のグループと大まかに四つに分かれているように見えます. 距離のみを用いて変換しているので大まかには意図通りの変換を行っていることが可視化により分かります.

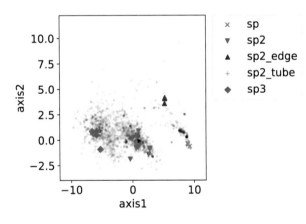

図 3.15 PCA により二次元に次元圧縮した説明変数の分布（全観測データを含む）.

　続けて, 非線形手法（多様体学習）である MDS, t-SNE での変換も行ってみます. 多様体学習は線形手法と比べて時間がかかるので X のみを変換します. まず MDS による次元圧縮を行います.

```
from sklearn.manifold import MDS
mds = MDS(ndim, random_state=1) # MDS で二次元に変換することを定義
X_mse = mds.fit_transform(X) # 学習と変換
scatterplot_rd(X_mse, df_obs[SPLABEL].values) # 可視化
```

セルの出力を図 3.16 に示します. 二次元空間における距離を入力した多次元空間での距離行列を再現するように次元圧縮しているため出力が近似解であり見え方は random_state により

変わります.

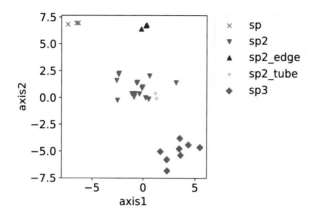

図 3.16　MDS により二次元に次元圧縮した説明変数の分布.

次に t-SNE による次元圧縮を行います.

```
from sklearn.manifold import TSNE
import warnings
# 多く出力される警告メッセージを表示しない.
warnings.filterwarnings(action="ignore")
tsne = TSNE(ndim, random_state=1, perplexity=30) # 二次元に変換する t-SNE を定義
X_tsne = tsne.fit_transform(X) # 学習と変換
scatterplot_rd(X_tsne, df_obs[SPLABEL].values) # 可視化
```

次のセルの出力を図 3.17 に示します. random_state により見え方が変わります. また, t-SNE
は考慮する最大距離 (scikit-learn では perplexity の値) を変更することができます. perplexity
の値を変えると結果が大きく変わることを各自試してみてください. また, このデータでは

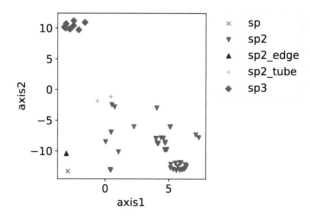

図 3.17　t-SNE により二次元に次元圧縮した説明変数の分布.

t-SNE よりも MDS の方が sp3, (sp2, sp2_tube), (sp, sp2_edge) の分離が良いように見えますが, 分離度もデータにより異なります.

次元圧縮手法は PCA では.fit() の次に.transform(), 多様体学習では.fit_transform() と使い方が統一されていますので他の手法も簡単に試すことができます. 興味がありましたら, scikit-learn の多様体学習を参照して別の手法も試してみてください.

3.3.2 演習問題

回帰手法 Lasso は回帰を行うと同時に変数選択を行う手法でした. 次元圧縮も変数選択を行う手法として使用することもできるのですが, 次元圧縮は説明変数空間しか参照しないという大きな違いがあります. つまり, 次元圧縮後の説明変数が目的変数がある教師あり学習（例えば, 回帰）で有効かというのは別に議論せねばいけない問題です. 次元圧縮で行う変換の具体的なイメージを掴むために演習問題として簡単な例を行います.

問題 1

ファイル{ROOT}/data/anisotropicdata1.csv は (x1, x2, y) カラムを持つデータです. このデータを (x1,x2) に対して y を色分けして図 3.18 で可視化しました. 説明変数を (x1, x2) として PCA により二次元の長軸, 短軸に変換し, y の値で色分けして可視化してください.

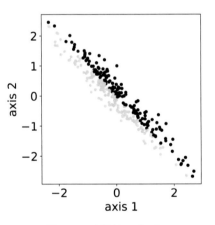

図 3.18　変換前のデータ

解答　スクリプト 020.110.answer.PCA_sample.ipynb がこれを行います. 変換した結果を図 3.19 に示します. 短軸側に y が変化していることが分かります（図 3.18 でも分かるとおり, そうデータを生成してあります）. PCA により寄与率が大きい側から説明変数を選んでも, この例のように寄与率が低い軸に説明変数が依存している場合があることに注意してください[15].

15　y の分散も用いて説明変数の次元圧縮を行う PLS という線形回帰手法があります.

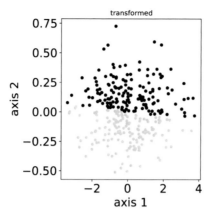

図 3.19　変換後のデータ

問題 2

　試料作成条件に二つのパラメタがあるとし，これらの二つのパラメタをメッシュ上に測定します．更に文献からある領域の複数のデータがあったとし，それらを加えて観測した説明変数パラメタ点を図 3.20 に示します（ファイル{ROOT}/data_calculated/2dmesh_plus_random.csv に保存してあります）．これを PCA により二次元に長軸，短軸に変換してください．

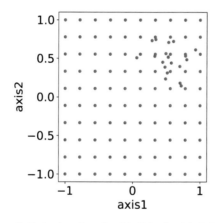

図 3.20　二次元メッシュ上のデータに追加データ加えた説明変数

解答　スクリプト 020.120.answer.PCA_sample2.ipynb でこれを行います．変換後の結果を図 3.21 に示します．この長軸，短軸に物理的な意味があるかを考察してみましょう．変換前の軸の方には問題設定から実験パラメタという明確が意味がありましたが，変換された長軸，短軸に物理的な意味は無いように思えます．このように次元圧縮した軸は物理的な意味がある場合と単にデータ収集の際の都合により決まっている場合とがあります．

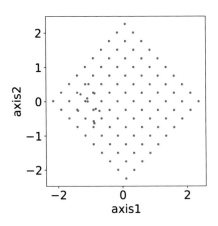

図 3.21　PCA により変換された説明変数

3.4　分類

　本章で説明するスクリプトは{ROOT}/0300.classification/に保存されており，同ディレクトリから実行することを想定しています．目的変数を連続変数とする回帰はすでに例を示しました．本節は閃亜鉛鉱構造とウルツ鉱構造のデータを用いて目的変数を離散変数とする分類を行います．

3.4.1　閃亜鉛鉱構造とウルツ鉱構造の分類

　閃亜鉛鉱構造とウルツ鉱構造のデータ用い，Z-score normalization で規格化し，交差検定で予測性能評価指標を得て，混同行列を示します．本スクリプトは 030.050.text.logistic_regression.ipynb に保存されています．

```
import numpy as np # 使用するモジュールの import
import pandas as pd
import matplotlib.pylab as plt
%matplotlib inline
```

[1]　データ収集
　データファイルを読み込みます．N=82, P=16 で，変数 Xraw はサイズ (N,P), 変数 y はサイズ (N) の配列です．

```
ROOT = ".."
filename = f"ROOT/data/ZB_WZ_dE_rawdescriptor.csv"
df = pd.read_csv(filename) # データファイルの読み込み
# 説明変数カラム
DESCRIPTOR_NAMES = ['IP_A', 'EA_A', 'EN_A', 'Highest_occ_A',
```

```
                        'Lowest_unocc_A','rs_A', 'rp_A', 'rd_A',
                        'IP_B', 'EA_B', 'EN_B', 'Highest_occ_B',
                        'Lowest_unocc_B', 'rs_B', 'rp_B', 'rd_B']
TARGET_NAME = "dE" # 目的変数カラムの設定
RANDOM_STATE = 1 # 乱数設定
Xraw = df.loc[:, DESCRIPTOR_NAMES].values # 生説明変数
yraw = df.loc[:, TARGET_NAME].values # 目的変数
```

[2]　データ加工

　生データの目的変数が連続値なので，分類モデルを学習するために正か非正の 2 値を持つ離散変数に変換します．生説明変数は Z-score normalization で規格化します．

```
from sklearn.preprocessing import StandardScaler
y = yraw > 0 # 論理 2 値に変換
scaler = StandardScaler()
scaler.fit(Xraw)
X = scaler.transform(Xraw) # 生説明変数の（加工済み）説明変数への変換
```

[3]　データからの学習と結果解釈

交差検定での混同行列　以下では簡単のために LogisticRegressionCV クラスを用いています．現在は default では性能指標は accuracy を用いてハイパーパラメタ (C) を選択します[16]．yp はサイズ (N) の配列です．変数 y は True もしくは False の 2 値を持つので変数 yp_proba はサイズ (N, 2) の配列です[17]．

```
from sklearn.model_selection import KFold
from sklearn.linear_model import LogisticRegressionCV
kf = KFold(5, shuffle=True, random_state=RANDOM_STATE) # 五回交差検定
cls_cv = LogisticRegressionCV(cv=kf) # 交差検定でハイパーパラメタを決める
cls_cv.fit(X, y) # 分類モデルを学習．最適ハイパーパラメタ値を得る．
```

cross_val_predict 関数により交差検定のテストデータに対する classification_report と混同行列を得ます． classification_report を入力部の後に表示します．

```
from sklearn.linear_model import LogisticRegression
from sklearn.model_selection import cross_val_predict
from sklearn.metrics import classification_report
cls = LogisticRegression(C=cls_cv.C_[0]) # 最適ハイパーパラメタ値でモデル生成
```

16　バージョンにより変更される可能性もありますのでマニュアルをご確認ください．

17　変数 cls_cv.classes_ で与えられる順序で確率を与えます．目的変数が多値を持つ場合はその数が二次元めのサイズになります．

```
kf = KFold(5, shuffle=True, random_state=RANDOM_STATE) # 五回交差検定
yp_cv = cross_val_predict(cls, X, y, cv=kf) # 交差検定予測値を得る
print(classification_report(y, yp_cv))
```

```
              precision    recall  f1-score   support

       False       1.00      0.93      0.96        41
        True       0.93      1.00      0.96        41

    accuracy                           0.96        82
   macro avg       0.97      0.96      0.96        82
weighted avg       0.97      0.96      0.96        82
```

classification_report の表示桁は digit パラメタにより変えることもできます．classification_report はテキストなので人が読み取るには良いのですが，数値として使用しにくい関数です．評価指標は個々に計算することもできます．

```
from sklearn.metrics import accuracy_score
from sklearn.metrics import precision_score
from sklearn.metrics import recall_score
from sklearn.metrics import f1_score
AVERAGE = 'weighted' # 分類数を加味した平均を取る.
acc = accuracy_score(y, yp_cv)
prec = precision_score(y, yp_cv, average=AVERAGE)
recall = recall_score(y, yp_cv, average=AVERAGE)
f1 = f1_score(y, yp_cv, average=AVERAGE)
print("accuracy", acc, "precision", prec, "recall", recall, "F1", f1)
```

標準では表示桁が多いのでここでは示しませんが，上のセルを実行すると accuracy, precision, recall, F_1 スコアが 0.963, 0.960, 0.963, 0.963 となります．

交差検定での予測値に対する混同行列を示します．分類クラスの値は cls_cv.classes_ に入っています．labels パラメタで指定した順に混同行列を生成します．

```
from sklearn.metrics import confusion_matrix
index = [] # 空
columns = [] # 空
for s in cls_cv.classes_: # 分類クラスの順
    index.append("actual ()".format(s)) # 行ラベル
    columns.append("predict ()".format(s)) # 列ラベル
```

```
# 混乱行列表示用データフレームの作成
df_cm_cv = pd.DataFrame(confusion_matrix(y, yp_cv, labels=cls_cv.classes_),
                        index=index, columns=columns)
df_cm_cv # Jupyter Notebook での表示
```

上のセルの出力を表 3.2 に示します．例えば accuracy は混同行列から $(38+41)/(41+41)=0.963$ と計算することができます．

表 3.2　交差検定の予測値に対する混同行列

	predict (False)	predict (True)
actual (False)	38	3
actual (True)	0	41

全データに対して学習した分類モデルを用いた混同行列　最後に，全データに対して学習した分類モデル予測値と交差検定による分類モデル予測値の比較をします．　変数 cls_cv は最適化したハイパーパラメタを用いて全データに対して学習したモデルが得られています．cls_cv から予想値と予測確率値を得ます．

```
yp = cls_cv.predict(X) # 全データに対する予測
yp_proba = cls_cv.predict_proba(X) # 確率値
```

全データに対する予測値に対する混同行列の表示をします．

```
df_cm = pd.DataFrame(confusion_matrix(y, yp, labels=cls_cv.classes_),
                     index=index, columns=columns)
df_cm
```

このセルの出力を表 3.3 に示します．

表 3.3　最適化されたハイパーパラメタを用いたモデルを用いた観測データ予測値に対する混同行列

	predict (False)	predict (True)
actual (False)	41	0
actual (True)	0	41

交差検定での混同行列は 全データに対する混同行列と比べると，非対角項のデータインスタンスの個数が多くなることを具体的に示しました．

3.4.2　演習問題

問題 1

　{ROOT}/data_calculated/ZB_WZ_dE_3var.csv が同データの 16 説明変数を元論文に即

して重要な三説明変数に変換したデータです.説明変数は [desc1, desc2, desc3] カラムに与えられ,目的変数は dE カラムで与えられる連続値です.目的変数を正,非正の離散値に変換し,分類を行ってください.

解答 030.110.answer.ZB_WZ_logreg-cv を DATA_NAME = "ZB_WZ_3" として実行すると答えが得られます.この三変数を用いた場合の交差検定のテストデータに対する混同行列を表 3.4 に示します.True が dE>0, False がそれ以外です.

表 3.4 交差検定のテストデータに対する混同行列

	predict(False)	predict(True)
actual(False)	40	1
actual(True)	1	40

DATA_NAME = "ZB_WZ_2" と二変数としても(乱数によりますが)上と同じ accuracy を与える混同行列が得られます.もともと 16 説明変数あった問題ですが,分類問題で同じ分類性能評価値を 2 説明変数で得ることができました.多数の説明変数から少ない説明変数への(数値的な変換ではなく)解析的な変換式を見つけたのが元論文の趣旨です[18][28].

問題 2
単一元素の基底状態構造についてのデータファイル{ROOT}/data/mono_structure.csv を用いて hcp, bcc, fcc 構造のみに対して LogisticRegressionCV クラスを用いて分類問題を行ってください.

解答 030.120.answer.mono_structure_logisticregressionCV.ipynb がこれを行います.乱数に依存しますが,交差検定での accuracy score=0.776 で,classification_report が以下になります.

```
              precision    recall  f1-score   support

         bcc      0.615     0.571     0.593        14
         fcc      0.812     0.650     0.722        20
         hcp      0.552     0.667     0.604        24

    accuracy                          0.638        58
   macro avg      0.660     0.629     0.640        58
weighted avg      0.657     0.638     0.642        58
```

---

18 この問題は関数同定問題と呼びます.

　混同行列を表 3.5 に示します．分類クラスの順序は変数 g_cls.classes で与えられます．解析時は混乱しないようにしてください．

表 3.5　単一元素の基底状態構造に対する混同行列

	predict(bcc)	predict(fcc)	predict(hcp)
actual(bcc)	8	0	6
actual(fcc)	0	13	7
actual(hcp)	5	3	16

　また，ロジスティック回帰ですのでそれぞれの目的変数値 (bcc, fcc, hcp) に対する確率[19]が求まり，スクリプト内では図示しています．元素によっては，僅差で失敗している場合と大きな差がついて失敗している場合があります．特に大きな差がついて失敗している元素へ対応するには新しい種類の新たな説明変数を導入することや，分類モデルを変更することを検討する必要があるでしょう．

3.5　クラスタリング

　本章で説明するスクリプトは{ROOT}/040.clustering/に保存されており，同ディレクトリから実行することを想定しています．適切なクラスタリング手法を用いることで，本節は炭素結晶構造データを例として，物理化学的な知見に合うように説明変数のクラスタリングが行えることを紹介します．

3.5.1　スクリプトの説明

　炭素原子の環境を表すメタデータが付加されている炭素結晶構造データの原子環境を示す説明変数を読み込み，Z-score normalization で規格化し，k-Means 法，ガウス混合モデルによるクラスタリングと階層クラスタリングを行います．本スクリプトはファイル 040.050.text.clustering.ipynb に保存されています．

[1]　データ収集
　炭素結晶構造データを df_obs に読みます．データインスタンスの個数 N=3560 です．説明変数が DESCRIPTOR_NAMES カラムに入っています．原子環境を追加してある炭素結晶構造データを df_new に入れます．ans_list には原子環境が入ります．原子環境には

- sp 結合をした原子 (sp)
- グラフェンの端の原子 (sp2_edge)
- sp^2 結合をした原子 (sp2)

---

[19]　サイズ $(N,3)$ の配列.

- ナノチューブの原子 (sp2_tube)
- sp^3 結合をした原子 (sp3)

があります. 説明変数として Belher の二体対称性関数を用いているので大まかにはある原子周りの原子数の数で区別されると期待されます. 物理的直感が得やすい最近接原子数からすると, 最近接原子数が二つの sp と sp2_edge, 3 三つの sp2 と sp2_tube, 四つの sp3 の三通りが考えられるのでクラスタ数として 3 を用います.

```
import numpy as np # 使用モジュールの import
import pandas as pd
import matplotlib.pylab as plt
%matplotlib inline
ROOT = ".."
df_obs = pd.read_csv(f"{ROOT}/data_calculated/Carbon8_descriptor.csv",
                     index_col=[0,1]) # データの読み込み
df_new = pd.read_csv(
        f"{ROOT}/data_calculated/Carbon8_descriptor_selected_sp.csv",
        index_col=[0, 1]) # 新規データの読み込み
# 説明変数カラムと目的変数カラムの指定
DESCRIPTOR_NAMES = ['a0.25_rp1.0', 'a0.25_rp1.5', 'a0.25_rp2.0',
                    'a0.25_rp2.5', 'a0.25_rp3.0', 'a0.5_rp1.0',
                    'a0.5_rp1.5', 'a0.5_rp2.0', 'a0.5_rp2.5',
                    'a0.5_rp3.0', 'a1.0_rp1.0', 'a1.0_rp1.5',
                    'a1.0_rp2.0', 'a1.0_rp2.5', 'a1.0_rp3.0']
SPLABEL="sp_label" # 原子環境のカラム
ans_list = df_new[SPLABEL].values # 原子環境のリスト
```

[2] データ加工

StandardScaler 関数を用いて Z-score Normalization を行います. $P=15$ として, Xraw, X は (N, P) の配列です.

```
from sklearn.preprocessing import StandardScaler
Xraw = df_obs[DESCRIPTOR_NAMES].values # 生説明変数
scaler = StandardScaler()
scaler.fit(Xraw)
X = scaler.transform(Xraw) # 説明変数への変換
```

これを 可視化するために説明変数を PCA で二次元に次元圧縮します.

```
from sklearn.decomposition import PCA
drd = PCA(2) # 二次元に変換する PCA を定義
```

```
drd.fit(X) # 学習
X_PCA = drd.transform(X) # 二次元への変換
```

[3]　データからの学習

　X_PCA を k-Means 法を用いて三つにクラスタリングします．yp_km は (N) の配列です．

```
from sklearn.cluster import KMeans
NCLUSTERS = 3 # クラスター数
km = KMeans(NCLUSTERS, random_state=1) # 三次元に変換する k-Means 法の定義
km.fit(X) # 学習
yp_km = km.predict(X) # 0,1,2 の三つのクラスター番号を得る
```

[4]　結果解釈

　炭素原子環境メタデータが付加されていない炭素結晶構造データも読み込み同じ変換を行い可視化します．

```
from clustering_misc import plot_X_withlabel
Xraw_new = df_new[DESCRIPTOR_NAMES].values # 新規データ生説明変数
X_new = scaler.transform(Xraw_new) # 新規データ説明変数への変換
X_new_PCA = drd.transform(X_new) # 新規データ説明変数への変換
plot_X_withlabel(X_PCA, X_new_PCA, ans_list) # PCA で二次元へ次元圧縮
```

上のセルの出力を図 3.22 に示します．ユーザー定義外部関数 plot_X_withlabel を用いています．図左上から右下へ連なる濃淡が大きく分けて三つ見え，これらを seaborn ライブラリの kdeplot で等高線で表しています．この等高線に対応して原子環境名をつけた原子が sp3,sp2_tube と sp2, sp と sp2_edge が存在しています．つまり，PCA で二次元へ次元圧縮した表示では左上から右下斜めに原子環境が分布しています．これらをクラスタリングで分けて欲しいところです．

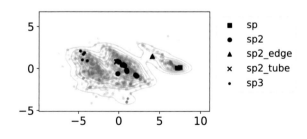

図 3.22　PCA により二次元に次元圧縮した説明変数空間におけるデータインスタンスの分布．

k-Means 法でのクラスタリング結果を行ってみます.

```
from clustering_misc import plot_X_clusters
plot_X_clusters(X_PCA, yp_km, alpha=0.05) # 可視化
```

上のセルの出力を図 3.23 に示します. ユーザー定義外部関数 plot_X_clusters を用いています. 図の上からクラスター番号 0, 1, 2 の分布を示します. 各パネルのスケールは全て同じです. 横軸 0 付近と横軸-5 付近にあるクラスタは縦に切れており人間の感覚と異なります. 可視化は二次元で行っている一方で, クラスタリングは 15 次元で行っており, 可視化されている図が 15 次元の異方的な分布を直接反映しているわけではありませんが k-Means 法が等方的な分割を行うためと思われます.

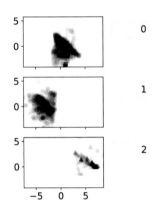

図 3.23　k-Means 法によるクラスタリング結果

[5]　データからの学習と結果解釈

ガウス混合モデルでもクラスタリングを行います.

```
from sklearn.mixture import GaussianMixture
gmm = GaussianMixture(NCLUSTERS, random_state=3) # ガウス混合モデルの定義
gmm.fit(X) # 学習
yp_gmm = gmm.predict(X) # クラスタリング
plot_X_clusters(X_PCA, yp_gmm, alpha=0.01) # 可視化
```

上のセルの出力を図 3.24 に示します. yp_gmm は (N) のサイズの配列です. クラスタリングは教師なし学習であり, クラスター ID は図 3.23 と異なります. 高次元のクラスタリングのためか二次元で見ると中央に分布しているクラスターが広いですが人間の感覚に近いクラスタリングが行えました.

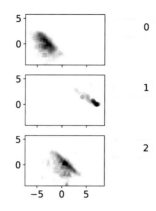

図 3.24　ガウス混合モデルによるクラスタリング結果

[6]　階層クラスタリング

　階層クラスタリングでは二点間距離 (下では metric で指定) と，データクラスター間の距離 (下では method で指定) の二通りの定義があります[20]．二点間距離は行列の形の変数で保持すると考えやすいですが，その変数はいわゆる上半分，もしくは下半分あれば十分です．linkage 関数に用いる pairdistance は $(N(N-1))$ のサイズの一次元配列です．pdist 関数が定義する距離を用いる場合は pdist(X, metric=metric) により linkage 関数に用いる一次元配列に変換されます．　pdist 関数が定義しない距離は一度二次元の二点間距離行列を作成してから squaretransform 関数で一次元配列に変換できます．

　データクラスター間距離の中でわかりやすい定義は以下があります．

- method が'single' の場合は下位の二つの枝に含まれる距離の最小値を用います．
- method が'complete' の場合は下位の二つの枝に含まれる距離の最大値を用います．

ここでは，原子環境名を持つデータフレーム df_new を用います．データインスタンスの個数を SPLABEL ごとに三つずつ合計 15 に制限します．詳細はやや複雑なのでここでは書かずにユーザー定義 make_df_sample 関数を用います．

```
from clustering_misc import make_df_sample
X_sample, ans_list_sample = make_df_sample(df_new, DESCRIPTOR_NAMES,
                                           n=3, group_name=SPLABEL)
```

階層クラスタリングでは対話的に手法を選択します．著者が既に試しており，天下りですが method='complete' として linkage を作成し図示します．

```
from scipy.spatial.distance import pdist
from scipy.cluster.hierarchy import linkage
```

20　pdist 関数の距離定義 (metric),．linkage 関数の method の詳細は scipy のマニュアルを参照してください．

```
metric = 'euclidean' # 距離定義
pairdistance = pdist(X_sample, metric=metric) # 二点間距離の計算
method = 'complete' # linkage 手法
Z = linkage(pairdistance, method=method) # linkage 生成
```

この結果を以下のスクリプトで可視化します.

```
from scipy.cluster.hierarchy import dendrogram
fig, ax = plt.subplots(figsize=(3, 5)) # サイズ (3,5) の図
# matplotlib の ax 座標軸に対して，樹形図を横向きに描く，
tree = dendrogram(Z, labels=ans_list_sample, orientation="left", ax=ax)
ax.invert_yaxis() # y軸は右から左に大きくなる
fig.tight_layout()
```

上のセルの出力を図 3.25 に示します. 右から左へクラスターを統合しています. 図の横軸は距離です. 近い距離の順に最近接原子数が 3 の sp2_tube と sp2 が比較的近く，これらと次に近いのは最近接原子数が 4 の sp3, また最近接原子数が 2 の sp と sp2_edge が近い距離にあるもっともらしい結果が得られました.

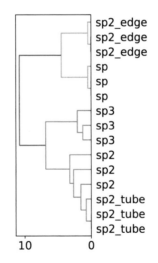

図 3.25　階層クラスタリング結果

3.5.2　演習問題

　クラスタリングを異なるデータに対して適用します. クラスタリングは本文の使い方ではデータインスタンス間の距離になりました. 同じことを X の転置[21]に対して行うと説明変数間の距離を用いてクラスタリングすることができます. 階層クラスタリングに関して演習問題 2 でこれ

21　Python スクリプトでは X.T

を行います.

問題 1

鉄構造データ "{ROOT}/data_calculated/Fe2_descriptor.csv" で説明変数

```
DESCRIPTOR_NAMES = ['a0.70_rp2.40', 'a0.70_rp3.00', 'a0.70_rp3.60',
                    'a0.70_rp4.20', 'a0.70_rp4.80', 'a0.70_rp5.40']
```

として k-Means 法とカウス混合モデルによりクラスタリングを行ってください. polytype カラムに微小変位を加える前の元構造である bcc, fcc, hcp が記述されています. クラスタリング数は 3 としてください.

解答　040.110.answer.fe2_clustering.ipynb がこれを行うスクリプトです. PCA で二次元に変換して図 3.26 に可視化しています. 図中で, 上は凡例の元構造で分けて図示しており, 下は凡例のクラスター番号で分けて図示しています. ガウス混合モデル（右）も全く同じ結果になりますので図示は省略しています. 上下の凡例順序とマーカーの順序は一致していません. k-Means 法でもガウス混合モデルでも (2,1) 付近にあるデータ点は fcc ですが, hcp と同じクラスタに含まれるという誤りがありますが, かなり上手くクラスタリングできています. この図では (2,1) 付近にあるデータ点は bcc 側にクラスタリングした方が妥当に見えます. しかし, クラスタリングは元の説明変数の次元で行っているので次元圧縮で二次元に変換して解釈した結果とは異なるのでしょう.

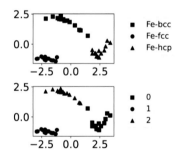

図 3.26　鉄構造の説明変数の k-Means 法によるクラスタリング

問題 2

問題 1 と同じデータを用いて階層クラスタリングを行ってください.

解答　スクリプト 040.110.answer.fe2_clustering.ipynb の後半でこれを行います. データインスタンスに対してユークリッド距離を用いて階層クラスタリングを行った結果が図 3.27 になります. 本書の図示では紙面の都合で右側の構造名は見えませんが bcc, fcc, hcp が綺麗に分かれています. 詳細は各自スクリプトを実行してご確認ください.

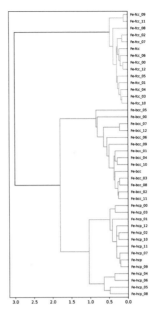

図 3.27　鉄構造のデータインスタンスの階層クラスタリング

　次に，データインスタンスに対して 1-|ピアソンの相関関数|を距離として用いて階層クラスタ
リングを行った結果が図 3.28 になります[22]．説明変数に対しても階層クラスタリングが行えま
した．2.4 節の図はこの手法を用いて図示していました．

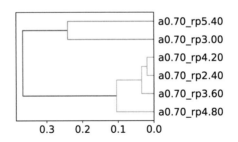

図 3.28　鉄構造の説明変数の階層クラスタリング

22　'1-ピアソンの相関関数の絶対値' は pdist 関数の metric として執筆時は用意されておりませんので，自分でデータ間
の距離を評価するためのコードを書く必要がありました.

91

## 第 4 章

応用編1
(等長説明変数)

4.1　はじめに

　基礎編の各節で基礎的な手法を紹介しました．本章では手法を組み合わせて，またデータ解析学においてよく知られたことについてスクリプトと実行例で説明を加えていきます．

4.2　次元圧縮を併用したクラスタリング

　本節で説明するスクリプトは{ROOT}/1150.hea4_dos_clustering/に保存されており，同ディレクトリから実行することを想定しています．

　3.5 節では元の説明変数の次元でクラスタリングを行いました．しかし，例えば，3.5 節問題 2 では図示に用いた二次元では明らかにより構造に即したクラスタリングができるように見えるのに，元の説明変数の次元でクラスタリングすると異なる構造を同一のクラスターに分けた例がありました．実際，元の説明変数を次元圧縮もしくは，特徴量を減らすことにより説明変数空間で分離性が良くなる場合が多いことが知られています．本節では，説明変数自体の加工および次元圧縮手法を併用してクラスタリングを行ってみます．

4.2.1　解説

　データは四元固溶体の電子状態密度（DOS）を用います．エネルギーの関数である DOS はフェルミ順位付近に価電子帯の構造を持つだけでなくセミコアを持つ元素が含まれるとフェルミ順位からリードベルグ単位程度下のエネルギー領域に凸構造を生成します．第一原理電子状態計算は固溶体を構成する四つの元素を指定して第一原理電子状態計算を行い DOS が生成されます．これを**順問題**とすると，**逆問題**としてセミコアが含まれるエネルギー領域で DOS をクラスタリングし各セミコアの特徴をうまく分離できるか，という問題が考えられます．つまり本節では DOS が生説明変数で，この特徴量を減らして加工済み説明変数に変換します．この回帰問題は演習問題 2 で行いますが，まず次元圧縮した説明変数空間でどの程度分離されるか（クラスタリング）を問題設定とします．

　DOS はエネルギー大小の順序があるスペクトルデータです．スペクトルデータに凹凸構造がある・無いエネルギー領域が存在するということは，

- そのエネルギー領域の分散が大きい説明変数があるということですから PCA などにより説明変数の次元圧縮を行うとうまく説明変数空間で分離しているかもしれません．
- DOS の凸構造もしくは凹構造は物質により多少位置がずれます．そのためもともとのエネルギーメッシュよりはある程度なましたエネルギーメッシュで比較した方が良いかもしれません．

上の二つを解析する前に距離定義がうまく機能するのかの確認が必要です．

- 凸構造の中心が近い DOS 間で距離が近く，凸構造と凹構造を持つ DOS とはそれらの中心が近くても距離が遠くなるように距離定義ができるでしょうか．

この確認の為に DOS のトイモデルを考えます. 図 4.1 は横軸が DOS のエネルギー (E) と思ってください. それぞれ 30 点ずつあり, 上図は $E = 10 + i, (i = 0, \ldots, 29)$ に凸構造を持ち, 下図は $E = 10 + i, (i = 0, \ldots, 29)$ に凹構造を持があるスペクトルを考えます[1].

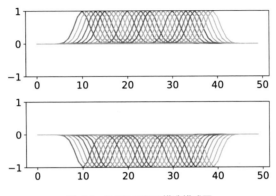

図 4.1 DOS の凹凸構造模式図

$E=10$ に凸構造を持つ DOS とその他の DOS とのユークリッド距離を図 4.2 で示します. 凸構造間はマーカー (.) で表され, 凹凸構造間はマーカー (o) で表されます. 凸構造が重なる範囲では DOS 間距離が小さくなり, 凸構造が重ならないと一定の距離になります. 凹構造も同様です.

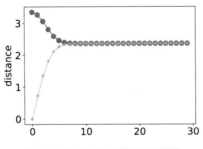

図 4.2 DOS の凹凸構造間の距離

その他について, 二段階に分けてクラスタリングを行います. 第一段階は以下のどれかを行います.

- 1.1. 全ての生説明変数を用います.
- 1.2. 全ての生説明変数を次元圧縮 PCA を用いて生説明変数の次元を落とします.
- 1.3. 説明変数をぼかす (smearing) 加工を行い生説明変数の次元を落とします.

1.3. では P 次元の DOS を以下の式で M 次元にぼかす変換をしています.

---

1   110.040.distance_dos.ipynb にて行なえます.

$$\mathrm{DOS}'(j) = \sum_{i=1}^{M} \mathrm{DOS}(E_i) \exp(-\gamma(j/M - i/P)^2)$$

第二段階では

- 2. 更に t-SNE で二次元に次元圧縮し，k-Means 法によるクラスタリングを行います.

可視化は二次元説明変数空間に対して行います.

4.2.2　スクリプトの説明

本スクリプトはファイル 110.050.text.explanation.ipynb に保存されています.

```
import pandas as pd # モジュールの import
import matplotlib.pyplot as plt
import numpy as np
from sklearn.preprocessing import StandardScaler
```

[1]　パラメタ設定

NDIM 次元に次元圧縮もしくは説明変数加工をします. 演習問題にも必要ですので，本スクリプトで指定できる第一段階，第二段階過程を図 4.3 に示します. DR_TYPE で指定する第一段階で NDIM で指定する次元に変換します. SECOND_DR_TYPE で指定する第一段階でクラスタリング (k-Means) で用いる変数を指定します. SECOND_DR_TYPE="none" では，第一段階で生成した NDIM 次元の変数を用いてクラスタリングします. SECOND_DR_TYPE="tsne", "pca" では，更に二次元に次元圧縮した変数を用いてクラスタリングします. 可視化にはどの場合も二次元に次元圧縮した変数を用います. 重要な点は中が詰まった矢印で示した k-Means 法の入力となる変数の違いです.

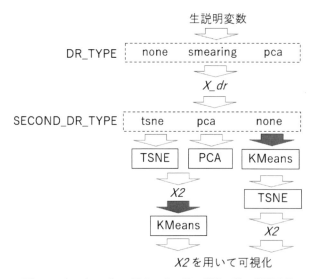

図 4.3　本スクリプトで指定できる第一段階，第二段階過程

下のセルでは DR_TYPE="smearing" なので第一段階で smearing を用いて 10 次元に変換し，SECOND_DR_TYPE="tsne" なので第二段階で t-sne を用いて二次元に次元圧縮し，k-Means 法によるクラスタリングを行います．次元圧縮および分類モデル作成時に使用する乱数を RANDOM_STATE により指定します．

```
DR_TYPE = "smearing" # "pca", "smearing", "none"
NDIM = 10 # 圧縮次元
RANDOM_STATE = 2 # 乱数
SECOND_DR_TYPE = "tsne" # "tsne", "pca", "none"
```

その他にも，DR_TYPE で "none"，"pca"，"smearing" を指定できます．SECOND_DR_TYPE は "tse"，"pca"，"none" を指定できます．

[2] データ収集

逆問題として DOS から semicore を予測する問題を考えますので，説明変数が logdos_names，目的変数が semicore カラムのデータとなります．

```
ROOT = ".."
filename = f"ROOT/data/hea4_dos.csv"
df = pd.read_csv(filename, index_col=None)
semicore_list = np.unique(df["semicore"].values)
n_clusters = len(semicore_list)
logdos_names = []
for i in range(100):
    logdos_names.append("log10_dos{}".format(i+1))
TARGET_NAME = 'semicore'
```

それぞれのセミコアの DOS を表示します．上のセルの出力を図 4.4 に示します．縦横軸は全てのパネルで同じ範囲です．同じセミコアでも凸構造のエネルギーのずれはありますがほぼ重なっています．

- Hg と Mo は明確な凸構造はありませんが，Hg は右肩上がりであり，一方 Mo は両側が大きいという差があります．
- Hf と Nb も似ています．Hf はエネルギー最低値付近に凸構造があり，中央や高エネルギー側に小さい凹構造がある点がことなるように見えます．

```
from dos_clustering_misc import plot_each_DOS
plot_each_DOS(df, logdos_names, TARGET_NAME)
```

DOS のトイモデルを用いた考察でユークリッド距離により DOS は分離可能らしいことは分かりました．上のような細かい構造を実際に分離することができるのかという問題を扱っていきます．

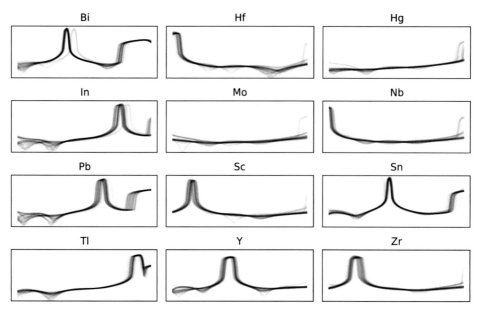

図 4.4　各元素が含まれる物質のセミコアエネルギー領域の DOS を示す.

[3]　データ加工

以下の方式で生説明変数（logdos_names）を加工します.

- 1.1 DR_TYPE = "none"：元の DOS をそのまま用います[2].
- 1.2. DR_TYPE ="pca"：PCA により次元圧縮手法行い説明変数を減らします.
- 1.3. DR_TYPE ="smearing"：DOS をぼかし説明変数を減らします. 1.3. で用いる $\exp(-\gamma(j/M - i/P)^2)$ を図 4.5 に横軸 i に対して示します[3].

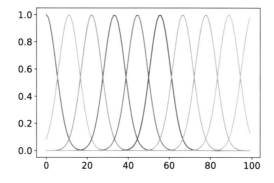

図 4.5　横軸 i に対して $\exp(-\gamma(j/M - i/P)^2)$ を示す.

2　実際は "pca" でも "smearing" でもない場合です.

3　図は M=NDIM=10 の場合です.

次のセルで加工後の変数を X_dr, 目的変数を y とします.

```
from sklearn.decomposition import PCA
from sklearn.manifold import TSNE
from dos_clustering_misc import add_convolution_variables
if DR_TYPE == "pca":
    _X = df[logdos_names].values
    dr = PCA(NDIM) # NDIM 次元 PCA の定義
    X_dr = dr.fit_transform(_X) # 変換
elif DR_TYPE == "smearing":
    df, smearedlogdos_names = add_convolution_variables(
        df, logdos_names, NDIM) # smearing を行う, 結果はデータフレームとリスト
    X_dr = df[smearedlogdos_names].values # 変換
else:
    X_dr = df[logdos_names].values # コピーするだけ
    NDIM = len(logdos_names) # 元説明変数の次元
y = df[TARGET_NAME].values # 目的変数
```

MinMaxScaler で説明変数規格化を行います.

```
from sklearn.preprocessing import MinMaxScaler
scaler = MinMaxScaler()
X_dr = scaler.fit_transform(X_dr)
```

更に第二段階として, 次元圧縮とクラスタリングの実行順序を変えて行います.

```
from sklearn.cluster import KMeans
if SECOND_DR_TYPE in ["tsne", "pca"]:
    if SECOND_DR_TYPE == "tsne":
        dr2 = TSNE(2, init="pca", random_state=RANDOM_STATE) # 二次元 t-SNE
    elif SECOND_DR_TYPE == "pca":
        dr2 = PCA(2, random_state=RANDOM_STATE) # 二次元 PCA の定義
    X2 = dr2.fit_transform(X_dr) # 二次元に次元圧縮
    # n_clusters クラスター k-Means 法の定義
    km = KMeans(n_clusters, random_state=RANDOM_STATE)
    yp = km.fit_predict(X2) # クラスター番号を得る
else:
    # n_clusters クラスター k-Means 法の定義
    km = KMeans(n_clusters, random_state=RANDOM_STATE)
    yp = km.fit_predict(X_dr) # クラスター番号を得る.
    dr2 = TSNE(2, init="pca", random_state=RANDOM_STATE) # 二次元に次元圧縮
    X2 = dr2.fit_transform(X_dr) # 二次元に次元圧縮
```

[4]　データからの学習とによる結果解釈

　ユーザー定義 plot_X2_compare 関数でクラスタリング結果を可視化します[4].

```
from dos_clustering_misc import plot_X2_compare, assign_frequent_value
# クラスター番号 yp を頻度で y の名前を用いて変換する.
yp_freq = assign_frequent_value(y, yp)
plot_X2_compare(X2, y, yp_freq) # 可視化
```

　上のセルの出力を図4.6に示します. クラスタリング結果は番号で出力されますので[5], ユーザー定義 assign_frequent 関数によりその分類番号に対して最頻出変数文字列を割り当てます. 文字として目的変数と対応付けた予測値を yp_freq に入れます. 図は DR_TYPE="smearing", NDIM=10 の結果です. 左図は観測値 (y) を用いてセミコア値を表示し, 右図はクラスタ値 (yp_freq) を用いて表示します. t-SNE で次元圧縮した結果（右図）は説明変数空間で Hf と Nb 以外はよく分離しています. しかし, 左図によると Hg と Mo は説明変数空間で観測値がすでに混じっていることが分かります. これは（加工済み）説明変数を生成した次元圧縮手法が一部の DOS に対してセミコアの特徴をうまく表現できていないことを表しています.

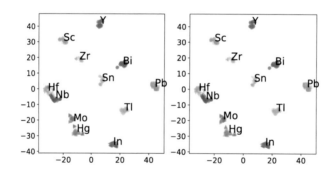

図 4.6　t-SNE による次元圧縮後の DOS 分布を示す. 左：セミコア, 右：クラスタリング.

[5]　形式的な混同行列

　分離しているかどうかという問題設定で, 分離が悪い場合はここで終わりにしたほうが良いのですが, 形式的に混同行列を作ります. 次のセルの出力を図4.7に示します[6]. Hf と Nb 間よりも, Hg と Mo 間がより多数（形式的に）異なっているデータインスタンスが多いという結果になりました.

4　assign_frequent 関数と plot_X2_compare 関数はファイル dos_clustering_misc.py で別途用意しています.

5　クラスタリングは目的変数が存在しないので名前のつけようがありません.

6　DR_TYPE="smearing", NDIM=10, SECOND_DR_TYPE="tsne", RANDOM_STATE=2 の場合を示します.

```
from sklearn.metrics import confusion_matrix
y_uniq = np.unique(y) # 用いられている y の値のリスト
cm = confusion_matrix(y, yp_freq, labels=y_uniq) # y の値のリストの順の混同行列
pd.DataFrame(cm, index=y_uniq, columns=y_uniq) # データフレーム表示
```

	Bi	Hf	Hg	In	Mo	Nb	Pb	Sc	Sn	Tl	Y	Zr
Bi	50	0	0	0	0	0	0	0	0	0	0	0
Hf	0	46	0	0	0	4	0	0	0	0	0	0
Hg	0	0	47	0	3	0	0	0	0	0	0	0
In	0	0	0	50	0	0	0	0	0	0	0	0
Mo	0	0	13	0	37	0	0	0	0	0	0	0
Nb	0	2	0	0	0	47	0	0	1	0	0	0
Pb	0	0	0	0	0	0	50	0	0	0	0	0
Sc	0	0	0	0	0	0	0	50	0	0	0	0
Sn	0	0	0	0	0	0	0	0	50	0	0	0
Tl	0	0	0	0	0	0	0	0	0	50	0	0
Y	0	0	0	0	0	0	0	0	0	0	50	0
Zr	0	0	0	0	0	0	0	0	0	0	0	50

図 4.7 形式的な混同行列

classification report も出力しておきます.

```
from sklearn.metrics import classification_report
msg = classification_report(y,yp_freq)
print(msg)
```

	precision	recall	f1-score	support
Bi	1.00	1.00	1.00	50
Hf	0.96	0.92	0.94	50
Hg	0.78	0.94	0.85	50
In	1.00	1.00	1.00	50
Mo	0.93	0.74	0.82	50
Nb	0.92	0.94	0.93	50
Pb	1.00	1.00	1.00	50
Sc	1.00	1.00	1.00	50
Sn	0.98	1.00	0.99	50

Tl	1.00	1.00	1.00	50
Y	1.00	1.00	1.00	50
Zr	1.00	1.00	1.00	50
accuracy			0.96	600
macro avg	0.96	0.96	0.96	600
weighted avg	0.96	0.96	0.96	600

説明変数空間で分離できないセミコア構造もありますが，多くの元素に対してはセミコア元素に対応した形での DOS からのクラスタリングに成功しました．

[6]　補足

第二段階で PCA を用いるとどうなるでしょうか．DR_TYPE = "smearing", NDIM = 10, RANDOM_STATE = 2, SECOND_DR_TYPE="pca" の場合を図 4.8 に示します．説明変数空間での分離が t-SNE ほどよくありません．このため二段階手続きで t-SNE を指定していました．

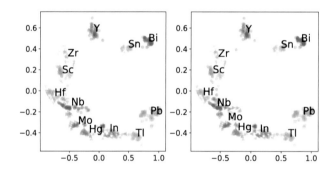

図 4.8　PCA による次元圧縮後の DOS 分布を示す．左：セミコア，右：クラスタリング

4.2.3　演習問題

本文の問題の圧縮次元依存性，そして分類問題として圧縮次元依存性を調べます．

問題 1

本文で用いたスクリプトを様々な条件で実行し，形式的な分類性能を評価して accuracy で結果をまとめてください．

解答　特にクラスタリングが乱数に依存しますので，乱数を 10 回変えて計算を行い結果を図 4.9 にまとめました．左右両図とも横軸 (NDIM) が第一段階での圧縮後次元，もしくは加工後説明変数の数で，縦軸が形式的な accuracy を表示します．左右両図の凡例は第一段階で用いた手

法を表示します.

左図が第二段階で t-SNE を用いない場合です. 左図で全生観測説明変数を用いた場合 (NDIM=100) の accuracy は 0.854 です. この値よりも PCA もしくは smearing を用いた場合は accuracy が高くなっています. 平均値の最大は (smearing, NDIM=5) で accuracy=0.961 です.

右図は第二段階として 更に二次元に次元圧縮してからクラスタリングをしています. 全体的に accuracy が高くなっています. t-SNE を用いると二次元での分離は良くなることは本文で説明しました. t-SNE で二次元にしたことでクラスタリングを行う説明変数空間で目的変数の特徴を含めた分離が良くなっているためです. smearing, PCA を行うと NDIM=100 よりは少しだけ accuracy が大きくなり, accuracy 平均値の最大は (smearing, NDIM=5) で 0.973 です. (PCA, NDIM)=8 で 0.969 です. 本文の例は NDIM=10 ですから, 分離が最良では無い例でした. 第二段階で t-SNE による次元圧縮を行うと NDIM が 5 から 8 程度で smearing, PCA ともにほぼ同程度のクラスタリングを行えることが分かりました.

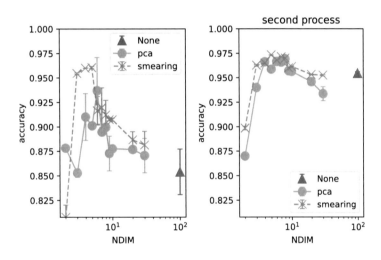

図 4.9 形式的な accuracy を示す.

問題 2
同問題を分類問題として行ってください.

解答 k-Means 部分を以下のスクリプトに置き換えると分類問題が行えます.

```
cls = LogisticRegressionCV(random_state=random_state)
cls.fit(X2, y)
yp = cls.predict(X2)
```

他にも変える箇所がありますので, これを実行するスクリプトを 110.110.answer.classification.ipynb に置きます. LogisticRegressionCV は交差検定ハイパーパラメタを求めますが, 予測値は交差検定のテストデータの値でないことに注意してください.

103

　結果を図 4.10 にまとめます．左右両図とも横軸 (NDIM) が第一段階での圧縮後次元，もしくは加工後説明変数の数で，縦軸が accuracy を表示します．左右両図の凡例は第一段階で用いた手法を表示します．右図の第二段階として更に t-SNE で次元圧縮をしてから分類を行うと accuracy の平均の最大値は (PCA, NDIM=5) で 0.980 です．PCA の場合は n に対して明確な凸構造があるのがわかります．詳しくは調べてませんが，smearing も NDIM=100 が 0.965 なので 100 未満の NDIM に最大値 accuracy を持つ凸構造があるはずです．

　第二段階で t-SNE を行わない左図の方が accuracy の平均が良くなります．NDIM=100 が最良値で accuracy の平均値が 1 です．この試行の範囲では (smearing, NDIM)=9 で accuracy の平均値が 0.998 で，(smearing, NDIM=20) で accuracy 平均値が 1 です．PCA では NDIM=9 で accuracy 平均値が 0.998 です．accuracy 平均値が 1 と 0.998 の差は未知データに対してはほぼ無く，NDIM=10 で accuracy の NDIM 依存性はほぼ 1 に収束していると見た方が良いかもしれません興味があればこの点を詳しく調べてみてください．生説明変数は 100 次元ありましたが，10 次元程度に特徴量を減らしても十分に分類できることが分かりました．

　本節は分類問題の例でしたが回帰問題でもほぼ同じ評価指標値となるように次元圧縮することが可能な場合があります [23, 32]．また，多くの変数を用いると評価指標値は高くなることが多いですが，得られたモデルの意味が分からないということにもなりがちです．説明変数生成に時間がかかる場合は，データインスタンスの個数に比べて説明変数の数が多いと思われる場合は考慮してみるとよいでしょう．

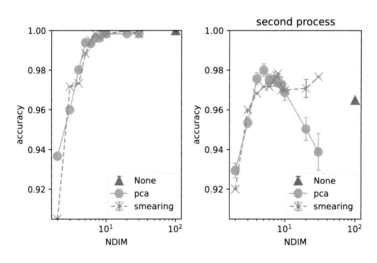

図 4.10　分類モデルとした場合の accuracy を示す．

4.3　トモグラフ像の復元

　本節で説明するスクリプトは{ROOT}/120.tomography/に保存されており，同ディレクトリから実行することを想定しています．適切な物質科学例が見つからなかったため本節データには画像としてフォントを用いています．

線形回帰手法は一般に $\vec{y} = X\vec{w}$ という線形方程式から $\vec{w}$ を求める手法でした．$\vec{w}$ 空間で 0 が多い場合は L_1 罰則項を導入することで多い未知数 $\vec{w}$ に対しても方程式 $\vec{y}$ の数から，更にノイズが含まれていても一意に解 $\vec{w}$ を求めることが可能であることを示します．

4.3.1 解説

並行ビーム系トモグラフ像は物質を回転させ，物質の吸収率[7]を測定した観測像です．ビームの吸収率が物質の密度に比例しているとすると，物質の各部の密度の線形和からトモグラフ像が得られます．逆に，トモグラフ像から物質の各部の密度を求めることを画像の復元，もしくは再構成といいます．説明のために 3x3 行例を考えそのセルが値（密度）を持つとします．それらセルを一次元配列 $\vec{w} = (w_1, w_2, \cdots, w_9)$ を用いて図 4.11 のように定義します．

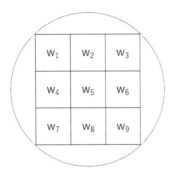

図 4.11　$\vec{w}$ 定義

セルの値が物質の各領域の密度を表すとして，トモグラフ像観測値はビームが透過したセルの値の和になります．つまり，図 4.12 のように物質の密度と物質の回転角から観測値 $y_1, y_2, ... y_1 0$ が撮影されます．

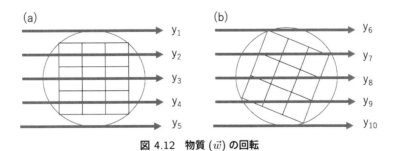

図 4.12　物質 ($\vec{w}$) の回転

左図が示す配置（物質が回転していない．$\theta = 0$）の場合は $\vec{y}_{\theta=0} = (y_2, y_3, y_4)$ と $w = (w_1, w_2, w_3, \cdots, w_9)^T$ に対して

7　もしくは透過率

$$X_{\theta=0} = \begin{pmatrix} 0,0,0 & 0,0,0 & 0,0,0 \\ 1,1,1 & 0,0,0 & 0,0,0 \\ 0,0,0 & 1,1,1 & 0,0,0 \\ 0,0,0 & 0,0,0 & 1,1,1 \\ 0,0,0 & 0,0,0 & 0,0,0 \end{pmatrix}$$

を用いて $\vec{y}_{\theta=0} = X_{\theta=0}\vec{w}$ の関係になります．他の回転角 θ に対する X_θ もあらゆる回転角に対する変換行列 X_θ もあらかじめ求めておくことが可能なことが理解できると思います．回転を定義した全ての X_θ を統合しても $\vec{y} = X\vec{w}$ という関係式になります．式を用いると，

[1]　X の求め方

X_θ の計算法は $\vec{w}$ を回転させた結果，w_6 の中心が y_8 と y_9 の 8:2 の比で中間であった場合には，$y_8+ = 0.2w_6$, $y_9+ = 0.8w_6$ と寄与を加えます．

[2]　解き方

$\vec{y}$ はサイズ N の配列，$\vec{w}$ はサイズ P の配列，行列 X はサイズを (N, P) の配列です．トモグラフ像撮影は

$$\vec{y} = X\vec{w}$$

という変換です．N 個の方程式に対して，P 個の未知数を求める問題となります．

w を求めるには，以下の解き方が考えられます．

(1)　$N = M$ の場合に
$$\vec{w} = X^{-1}\vec{y}$$
とできます．

(2)　観測データにはノイズが乗るため観測データ数をなるべく増やしたいところです．そのために多くの場合に $N > P$ の関係になります．この関係の場合には $\vec{w}$ を求めるには $\vec{y} - X\vec{w}$ の自乗誤差を最小化する問題
$$\mathrm{argmin}_w[\|\vec{y} - X\vec{w}\|^2]$$
を解くことになります．更に，最もなめらかな像（$\vec{w}$）を得るために多くの場合にエントロピー最大化の付加条件を加えます．

(3)　上の表式は線形回帰の最適化関数と同じです．$\vec{w}$ の解空間がスパースである（0 が多い）場合に L1 罰則項を追加すると一意に近似解を得ることができます．
$$\mathrm{argmin}_w[\|\vec{y} - X\vec{w}\|^2 + \alpha\|\vec{w}\|_1]$$
なお，$N < P$ でも L1 罰則項を加えると一意に解が得られます．

ここでは $N < P$ の場合に 3 番目の解き方を実行します．

4.3.2　スクリプトの説明

本ファイルは 120.050.text.tomography_sparsemodeling.ipynb として保存されています．

```
import pandas as pd # モジュールの import
import numpy as np
from sklearn.linear_model import Lasso
import matplotlib.pyplot as plt
import os
%matplotlib inline
```

フォント名 (DATA_NAME)，圧縮率 (D)，観測ノイズ値 (NOISE_FAC)，Lasso のハイパーパラメタ値 (alpha)，線形モデルで切片を使うか (fit_intercept) を設定します．以下の設定では未知数 P の数の 1/D の方程式の数 (N) を用いて再構成を行います．ここで用いる文字 L は wikipedia[33] から取得しました．

```
DATA_NAME = "L64"
D = 4 # 説明変数の数の 1/D のサイズの方程式を用いる
NOISE_FAC = 0.05   # 付加ノイズの大きさ
ALPHA = 10**(-5)    # 罰則項の大きさ
FIT_INTERCEPT = False # 切片項を用いない
```

[1] データ収集

フォントデータを読み込みます．data はサイズ (l, l), l=64 の二次元配列ですが一次元配列に変換し，サイズ (4096) の一次元配列 $\vec{w}$ とします．

```
ROOT = ".."
filename = os.path.join(f"{ROOT}/data/font",DATA_NAME + ".csv")
data = np.loadtxt(filename, delimiter=",") # pandas を用いて読むこともできます．
l = data.shape[0] # 文字データはサイズ (l,l)
data = data.reshape(-1) # 一次元ベクトル w に変換
```

[2] データ加工

全体で $[0,1]$ となるように規格化しています．

```
m1 = data.min() # 最小値
m2 = data.max() # 最大値
w_orig = (data-m1)/(m2-m1) # [0,1] に変換
```

w_orig を二次元配列 (l, l) に直して白黒画像として表示します．

```
plt.imshow(w_orig.reshape(l,l), cmap=plt.cm.gray, interpolation='nearest')
```

上のセルの出力を図 4.13 に示します．

図 4.13 文字 L

$\vec{w}$ がスパースであることを確認するため w_orig を histgram 表示します．

```
plt.hist(w_orig, bins=100)
```

上のセルの出力図を図 4.14 に示します．データの多数が値 0 であることが分かります．このスパース性が Lasso による元画像の再構成が可能な条件です．

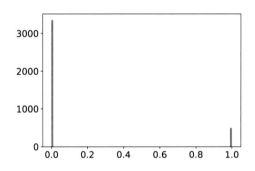

図 4.14 文字 L の各ピクセルの値の分布

$\vec{w}$ が得られたので，平行系トモグラフィのシミュレーション

$$\vec{y} = X\vec{w} + \text{noise\_fac} \times N(0, 1)$$

を行います[8]．まず回転行列 X の生成を行います．コード詳細はここでは説明しませんが，回転角はユーザー定義 build_projection_operator 関数内部で自動的に決定されます[9]．変数サイズについては，$P=$ 4096, D=4 の場合は方程式の数 $N=\text{int}(P/D)=1024$ です[10]．

---

8   以下で用いている X は scipy.sparse._coo.coo_matrix という特殊な行列型ですが型を気にせずに行列演算をことができます．

9   本スクリプトは scikit-learn の例の一部を用いています [2]．

10   X が (N, P) の配列で，y が (N) の配列です．

```
from tomography_misc import build_projection_operator
# このセルは sklearn のコードから来ています.
P = l*l # サイズ P
X = build_projection_operator(l, l//D) # 行列 X
```

$X\vec{w}$ の演算でトモグラフ像が得られますが,更に $\times N(0,1)$ を与える np.random.randn 関数を用いて測定誤差を加えています.

```
y = X * w_orig
y += NOISE_FAC * np.random.randn(*y.shape)
```

[3] データからの学習と可視化による結果解釈

トモグラフ像から元画像の再構成を行うために Lasso により w(変数 w_reg) を求めます.w_reg は線形回帰モデルの係数なのでサイズ (P=4096) の一次元配列ですが,表示するために (64,64) の二次元配列に変換しておきます.

```
reg = Lasso(alpha=ALPHA, fit_intercept=FIT_INTERCEPT) # lasso の定義
reg.fit(X, y) # 学習. 線形回帰モデルの係数が得られる.
w_reg = reg.coef_ # ベクトル w
```

元画像と Lasso で再構成した各画素の値を二次元画像として可視化します.

```
from tomography_misc import plot_images
plot_images(w_orig.reshape(l,l), w_reg.reshape(l,l), "original", "L1")
```

上のセルの出力を図 4.15 で示します.元画像 (w_orig) ではほとんど 0 もしくは 1 の値を持っていましたが,再構成した画像 (w_l1) ではある程度の幅を持って分布しています.淡く縞状の

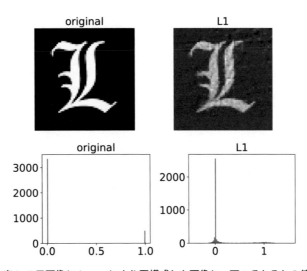

図 4.15 上:文字 L の元画像と Lasso により再構成した画像と,下:それぞれの値の分布を示す.

109

模様が見えますが人間は文字 L であることを認識できるレベルの再構成ができました．頻度図は Lasso で再構成した右図によると左図の分布よりもなまっていますが，値 0 の値が多く残っています．

　scikit-learn の Lasso によるトモグラフ像復元の例 [2] では方程式の次元を未知数の 1/10 以下にしても元画像の再構成が可能であることを示しています．一方，本書の例では判別可能な画像に再構成するには 1/4 程度にしか方程式のサイズを減らすことができませんでした．

　トモグラフィを例としましたが，本解法は $\vec{y} = X\vec{w}$ であること，そして，$\vec{w}$ の表現がスパースになっていることが仮定できると，Lasso により解を一意に，そして少ない拘束条件式から多数のパラメタを決定することが可能です．このような解析や問題設定は多く，例えば，実空間と波数空間，実時間と周波数との相互変換を行うフーリエ変換もこの形式です．科学では変換後の変数空間ではスパースな[11]表現であることを仮定もしくは期待して変換を行い解析を行うことがよくあり，物質科学だけでなくブラックホールの観測にも Lasso は用いられています [34, 35, 36]．

4.3.3　演習問題

　本文では L1 罰則項を持つ Lasso を用いました．では L2 罰則項を持つリッジ回帰ではどうなるでしょうか．また，他のデータに対してもトモグラフ像の再構成を行います．

問題 1

　本文の例をリッジ回帰を用いて行ってください．

解答　Lasso を用いた箇所を以下に変換するとリッジ回帰を用いた再構成になります．

```
reg = Ridge(alpha=ALPHA, fit_intercept=fit_intercept)
```

ALPHA=1 で，リッジ回帰を用いた再構成図と $\vec{w}$ の頻度図を図 4.17 に示します．フォントでは筋状の模様が多く入る再構成画像が得られました．再構成画像の頻度を見ると Lasso の場合に比べて 0 の頻度が大幅に減っていますからぼやけた像になることが理解できます．

original　　　　　　　L2

図 4.16　文字 L のリッジ回帰を用いたトモグラフィ像再構成

11　もしくは少数のピークを持つ

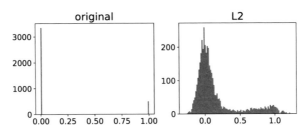

図 4.17　上：文字 L の元画像とリッジ回帰により再構成した画像と，下：それぞれの値の分布を示す．

問題 2

　日本語フォント，翔 (syou64.csv), 禅 (zen64.csv), 舞 (dance64.csv) が用意されています [37]．Lasso を用いてトモグラフ像を再構成してください．

解答　翔 (syou64.csv) を用いる場合は以下に設定します．

```
DATA_NAME = "syou64"
D = 3 # 圧縮率
```

元フォントと再構成したフォントを図 4.18 に可視化します．このデータの場合は d=4 では再構成した図の細部がかなり潰れてしまいます．

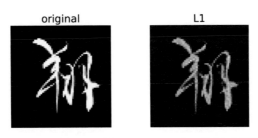

図 4.18　文字翔の元画像と Lasso により再構成した画像

　変数名は異なりますが，問題 1，問題 2 に対して実行可能なスクリプト 120.110.answer. tomography_sparsemodeling.ipynb も用意されています．

4.4　説明変数重要性の定量評価

　本節で説明するスクリプトは{ROOT}/3000.descriptor_importance/に保存されており，同ディレクトリから実行することを想定しています．

　物質科学の思考に慣れてると，「なぜ」を考え，教師あり学習結果から何かしら知見を得ようとします．回帰モデルの説明変数の回帰性能に対する何らかの寄与を「重要度」と呼ぶことがあります．本節ではこの「重要度」をいくつかの手法で求め比較します．

4.4.1　解説

[1]　ランダムフォレストでの不純物による説明変数重要度

scikit-learn での決定木回帰の説明変数重要度は各ノードに対して以下のように定義されます [2].

```
N_t / N * (impurity - N_t_R / N_t * right_impurity
                    - N_t_L / N_t * left_impurity)
```

回帰の場合の impurity は標準で MSE です．あるノードがある説明変数で分割されるとします．N_t はあるノードのサンプル数，impurity はあるノードの impurity です．N_t_R, right_impurity は分解した右側のサンプル数と impurity です．N_t_L, left_impurity は分解した左側のサンプル数と impurity です．N は全サンプルです．下のノードへ行くほどノードに含まれるサンプル数 N_t が少ないので N_t / N は小さくなる重みがつけられています．あるノードをある説明変数で分割した場合にその説明変数の重要度を上式で定義します．

ノードに対して重要度を定義したので，決定木に対しての重要度はノードの重要度の和で定義します．ランダムフォレスト回帰では多数の決定木回帰の平均で予測値を得ますので多数の決定木に対しても説明変数重要度を足し合わせ，最後に全部の説明変数の重要度が 1 となるように規格化し重要性を定義します．この定義によるとある説明変数が決定木の上部にあるほどその説明変数の重要性が高くなります．

この定義の欠点として，乱数によってはランダム変数の重要度が高いと誤った評価をされる場合があることが報告されています [38]．また，決定木を用いた回帰にしか用いることができないことと分類モデル集合の統合による連続関数の近似に不自然さがあります．利点は回帰モデルを得ると説明変数の重要性が一意に決まることです．

[2]　線形回帰モデルの係数

教師あり学習の係数は教師データに対する一致度に直接影響を及ぼすパラメタで，相関が正なのか負なのかが同時に分かります．

[3]　permutation importance

異なる定義として回帰スコアを利用する手法もあります．この手法はある説明変数を並び替える，もしくはランダム化した場合の回帰スコアの減少具合からその説明変数の重要性を定量評価する手法です．回帰モデルを作成してから並び替えるのが標準のやり方ですが，並び替えてから回帰モデルを作成するなどの変種が考えられます．この手法は回帰スコアが計算できれば良いので，どの回帰モデルに対しても適用可能です．説明変数を並び替える際に乱数の影響を受けるので多数回実行して平均値，標準偏差を求めます．教師あり学習の性能評価は教師データに対する一致度しかありませんから，教師あり学習では回帰スコアと直接関係させる手法しか本来はありません．

4.4.2　スクリプトの説明

本スクリプトは 130.050.text.importance.ipynb に保存されています．

```
import pandas as pd # モジュールの import
import sys
import numpy as np
import matplotlib.pyplot as plt
%matplotlib inline
```

[1] データ収集
希土類コバルト合金データを収集します.

```
ROOT = ".."
filename = f"{ROOT}/data/TC_ReCo_detail_descriptor.csv"
df = pd.read_csv(filename) # ファイル読み込み
# 説明変数カラム，目的変数カラムの設定
DESCRIPTOR_NAMES = ['C_R', 'C_T', 'vol_per_atom', 'Z', 'f4', 'd5',
                    'L4f', 'S4f', 'J4f', '(g-1)J4f', '(2-g)J4f']
TARGET_NAME = 'Tc'
```

[2] データ加工
Z-score normalization で規格化し，データを加工します.

```
from sklearn.preprocessing import StandardScaler
scaler = StandardScaler()
Xraw = df[DESCRIPTOR_NAMES].values # 生説明変数
scaler.fit(Xraw)
X = scaler.transform(Xraw) # 加工済み説明変数
y = df[TARGET_NAME].values # 目的変数
```

[3] データからの学習と結果解釈
データからの学習を行います.

```
from sklearn.ensemble import RandomForestRegressor
from sklearn.metrics import r2_score
# ランダムフォレスト回帰モデル
rf = RandomForestRegressor(n_estimators=100, random_state=1)
rf.fit(X, y) # 学習
```

以下で説明変数の「重要性」を求め，可視化して結果解釈を行います. まず，ランダムフォレスト回帰の feature importance は rf.feature_importances_ を図示します.

```
df_rf_imp = pd.DataFrame( # 表示のために辞書からデータフレーム生成
    {"descriptor": DESCRIPTOR_NAMES,
     "importance": rf.feature_importances_})
from importance_misc import plot_importance
plot_importance(df_rf_imp, "descriptor", "importance") # 可視化
```

上のセルの出力を図 4.19 に示します.

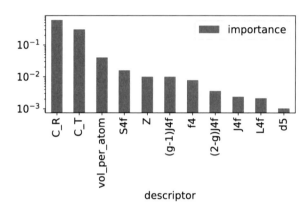

図 4.19　ランダムフォレスト回帰の feature importance

次に permutation importance を計算します.

```
from sklearn.inspection import permutation_importance
# 回帰モデル rf に対して，30 回 permutation importance を評価する.
perm_imp = permutation_importance(
    rf, X, y, n_repeats=30, random_state=20)
```

perm_imp は辞書型変数で，説明変数の重要性（回帰スコアの変化）は平均値（キー：importances_mean），標準偏差（キー：importances_std），および詳細（キー：importances）が与えられます.

```
# 表示のために辞書からデータフレーム生成
df_perm = pd.DataFrame({"importances_mean":
                        perm_imp["importances_mean"],
                        "descriptor": DESCRIPTOR_NAMES})
plot_importance(df_perm, "descriptor", "importances_mean") # 可視化
```

上のセルの出力を図 4.20 に示します．簡単のため平均値のみを図示します．説明変数の重要性は C_R, C_T, vol_per_atom の順です．いくつかの順序は前後しますがこのスケールでは図 4.19 とほぼ同じ「重要性」を与えています．

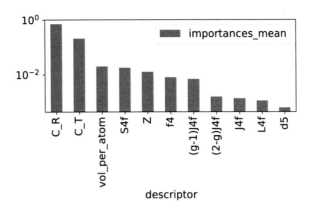

図 4.20　permutation importance

次に線形回帰モデルを学習し，係数の絶対値を図示します．

```
from sklearn.linear_model import LinearRegression
lr = LinearRegression(fit_intercept=True) # 切片項がある線形回帰モデル
lr.fit(X, y) # 学習
# 表示のために辞書からデータフレーム生成
df_lr_coef = pd.DataFrame(
    {"label": DESCRIPTOR_NAMES, "abs(coef)": np.abs(lr.coef_)})
plot_importance(df_lr_coef, "label", "abs(coef)") # 可視化
```

上のセルの出力を図 4.21 に示します．

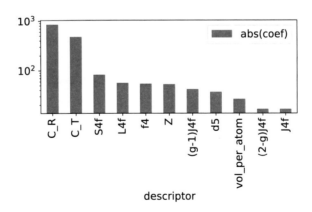

図 4.21　線形回帰モデルの係数の絶対値

学習した線形回帰モデルで permutation importance を評価し可視化します．

115

```
perm_imp = permutation_importance(
    lr, X, y, n_repeats=30, random_state=20) # 30 回行う.
df_perm = pd.DataFrame({"importances_mean": perm_imp["importances_mean"],
                        "descriptor": DESCRIPTOR_NAMES}) # データフレーム生成
plot_importance(df_perm, "descriptor", "importances_mean") # 可視化
```

上のセルの出力を図 4.22 に示します．線形回帰モデルの場合は係数の絶対値がほぼ permutation importance に等しくなるのは理解できると思います．ランダムフォレスト回帰と比べると C_R, C_T が重要なのは同じですが，その次が S4f であり，vol_per_atom の重要性が低い点が異なります．このように同じ説明変数を用いても回帰モデルにより説明変数の重要性は異なります．

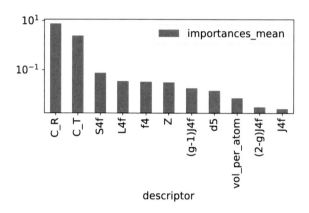

図 4.22　線形回帰モデルでの permutation importance

上の評価指標値は簡易的に全データを用いた値を示しました．予測モデルとする場合は例えば，交差検定のテストデータでの値を用いるよう変更してください．

　演繹法の思考に慣れてると，説明変数の「重要性」は普遍的なものだと勘違いしてしまいますが，説明変数の重要性は回帰モデルにより異なります．「ある回帰モデル」での評価値であることを必ず念頭に置いて作成・解釈してください[12]．

4.4.3　演習問題

　本文では罰則項が無い線形回帰モデルを用いたので回帰係数が共線性の影響を受けている可能性があります．これを確認するとともに，ランダムな説明変数を加えてその重要性を評価します．

---

[12]　自動運転用車載カメラのニューラルネットワークモデルが画像のどの部分を解釈しているかを顕在化するという面白い問題設定もあり，問題設定が無意味というわけではありません [39]．

問題 1

希土類コバルト合金データセットに乱数による説明変数を加え RBF カーネルを用いたカーネルリッジ回帰で説明変数重要度を評価してください.

解答 スクリプト 130.110.answer.randomvariable.ipynb がこれを行います. 以下の部分で回帰モデルと permutation importance の乱数値を指定しています.

```
REGNAME = "RKCV"
RANDOM_STATE = 1
ADD_RANDOM_VAR = True
```

図 4.23 で permutation importance を box plot と呼ばれる表示で示します. これによると乱数より R^2 の減少が少ない (2-g)J4f と L4f はランダムな変数より小さい寄与しか与えないため, それらの説明変数は重要でないと言えるでしょう.

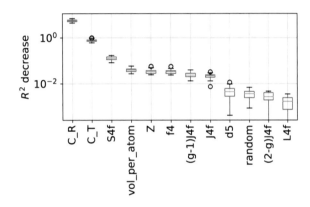

図 4.23 **遷移金属コバルト合金のカーネルリッジ回帰による** permutation importance

問題 2

希土類コバルト合金データセットを用いて乱数による説明変数を加えずに RBF カーネルを用いたカーネルリッジ回帰で説明変数重要度を評価してください.

解答 スクリプト 130.110.answer.randomvariable.ipynb がこれを行います. 以下の部分で回帰モデルと permutation importance の乱数値を指定しています.

```
REGNAME = "RKCV"
RANDOM_STATE = 1
ADD_RANDOM_VAR = False
```

図 4.24 で交差検定を行ったカーネルリッジ回帰を用いた場合の permutation importance を box plot と呼ばれる表示で示します. 問題 1 とほぼ同順序の「重要性」が得られました.

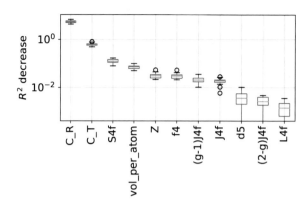

図 4.24　遷移金属コバルト合金のカーネルリッジ回帰による permutation importance

　問題 1 と問題 2 の結果は一見は辻褄が合っているように見えます．しかし，最大値を与えると仮定している回帰モデルを学習した説明変数が異なりますので両者の重要性がほぼ一致する必然性はありません．

　希土類コバルト合金データは説明変数数が 12 です．RBF カーネルで用いるユークリッド距離の二乗は

$$d^2(i,j) = \sum_{p \neq \text{random variable}} |x_{i,p} - x_{j,p}|^2 + |x_{i,\text{random}} - x_{j,\text{random}}|^2$$

となります．第一項と第一項の比は大まかには 12:1 ですのでランダムな変数の寄与は元々の説明変数数が増えるほど減っていきます．説明変数の数が変化するモデル間での比較ではしきい値が異なることになるので注意してください．最後に，ランダムな変数を用いて特定した非重要な説明変数も，説明変数を含めたある特定の回帰モデルに対してしか定義されないことも忘れないでください．

4.5　モデル全探索による回帰モデル評価

　本節で説明するスクリプトは{ROOT}/3100.exhaustive_search/に保存されており，同ディレクトリから実行することを想定しています．

　機械学習で学習されるモデルは近似モデルであり，ほぼ同じ予測性能値をもつ多数のモデルがあると説明しました．この節では回帰モデルの場合に具体的にそれらを確認するためにサイズ P の説明変数候補から説明変数組み合わせに関して回帰モデル全探索を行います．それぞれの回帰モデルを作成し，回帰評価指標を求め，結果解釈をします．本スクリプトは140.050.text.all-combinations-ReCo.ipynb に保存されています．

4.5.1　解説

　4.4 節で説明変数重要性について説明しました．例えば，図 4.22 では希土類コバルト合金

データに対して線形回帰モデルで各説明変数の permutation importance を可視化しました.
(2-g)J4f や J4f は R^2 を 10^{-2} 程度しか変化させないので,全ての説明変数を用いた線形回帰モ
デルと (2-g)J4f もしくは J4f が含まれない回帰モデルとはほぼ同じ R^2 を持つということを意味
します.また,全ての説明変数を用いた回帰モデルよりも,一部の説明変数を選択して回帰モデ
ルを作成した方が良い評価指標値を得る場合も多々あります.最良モデルとは大きく異なる説明
変数の組み合わせでほぼ同等な評価指標値を持つ回帰モデルが存在する可能性もあります.

サイズ P の説明変数候補から生成される説明変数の組み合わせはサイズ 0 の組み合わせを除
くと $2^P - 1$ 個あり,P が大きいと膨大な数の回帰モデルの可能性があります.本節では,それ
らの回帰モデル全ての評価指標値を計算し,評価指標値がどのような分布を示すのか,そしてそ
の分布から説明変数の重要性がどのように評価されるかを扱います.

4.5.2 追加 Python パッケージ

本節のスクリプトでは追加 Python パッケージ,progressbar2 を用います.progressbar2 は
ループの進行具合を進行割合を%やバー表示で途中経過を可視化するモジュールです[13].例え
ば,conda で install する場合には,

```
$ conda install -c conda-forge progressbar2
```

を行ってください[14].実行時表示例を図 4.25 に示します.ループ実行に時間がかかる場合の表
示に便利です.

```
68% (1392 of 2047) |############# | Elapsed Time: 0:00:09 ETA: 0:00:04
```

図 4.25 progressbar の表示

4.5.3 スクリプトの説明

スクリプトを説明していきます.まずはモジュールのインポートです.警告メッセージが多数
でるのですが,問題無いことが分かっていますのでそれらを無視しています.

```
from sklearn.linear_model import Ridge # モジュールの import
import warnings
from sklearn.model_selection import cross_val_score, KFold
import pandas as pd
import itertools
from sklearn.metrics import mean_squared_error, r2_score
import numpy as np
import matplotlib.pyplot as plt
```

---

13 同様のモジュールに tqdm があります.

14 https://anaconda.org/conda-forge/progressbar2

```
import os
import progressbar
%matplotlib inline
warnings.filterwarnings("ignore")
```

[1]　データ収集

希土類コバルト合金データを読み込みます.

```
# ファイル読み込み
ROOT=".."
df = pd.read_csv(f"{ROOT}/data/TC_ReCo_detail_descriptor.csv")
# 説明変数カラム名，目的変数カラム名の設定
DESCRIPTOR_NAMES = ['C_R', 'C_T', 'vol_per_atom', 'Z', 'f4',
                    'd5', 'L4f', 'S4f', 'J4f', '(g-1)J4f', '(2-g)J4f']
TARGET_NAME = 'Tc'
Xraw = df[DESCRIPTOR_NAMES].values # 生説明変数
y = df[TARGET_NAME].values # 目的変数
```

[2]　データ加工

Z-score normalization で説明変数を規格化します.

```
from sklearn.preprocessing import StandardScaler
scaler = StandardScaler()
scaler.fit(Xraw)
X = scaler.transform(Xraw)
```

[3]　データからの学習

使用する説明変数を得るための組み合わせ iterator をつくります. 紙面の都合で本文のスクリプトでは docstring を書きません. P が変数 n, Q が変数 m に対応します. 変数 m のデフォルト値は n です.

```
def all_combinations(n: int, m: int=None):
    seq = range(n) # [0,...,n-1] のリスト
    if m is None:
        m = n
    for i in range(1, m+1): # [1,...,m] で
        for x in itertools.combinations(seq, i): # seq から i 個組み合わせ選択
            yield x
```

回帰能を計算する関数を定義し，cross_val_score 関数を用いた交差検定で評価指標値 (R^2)

120

を得ます.

```
from sklearn.metrics import make_scorer
def make_cv_model(x, y, nfold=5, random_state=0):
# n_splits 回交差検定
    kf = KFold(n_splits=nfold, shuffle=True, random_state=random_state)
    meanlist = [] # 空
    varlist = [] # 空
    # Ridge 回帰モデル定義
    reg = Ridge(fit_intercept=True, normalize=False, alpha=0.001)
    scorelist = cross_val_score(
        reg, x, y, scoring=make_scorer(r2_score), cv=kf) # 交差検定 R2 スコア
    mean = np.mean(scorelist) # 平均
    std = np.std(scorelist) # 標準偏差
    reg.fit(x, y) # 回帰モデルを作り直し係数を得る.
    return mean, std, reg.coef_ # 返り値
```

説明変数の数が $P = 11$,説明変数の組み合わせ数は $\sum_{p=1}^{P} {}_P C_p - 1 = 2^P - 1 = 2047$ あります.説明変数の組み合わせ(変数 combi_list),回帰評価指標 R^2 の平均値(mean_list)と標準偏差(std_list),回帰係数(coeflist)を保存します.このセルの実行には少々時間がかかります.

```
combi_list = []
mean_list = []
std_list = []
coef_list = []
P = X.shape[1] # 説明変数の数
ncombi = 2**P-1 # 組み合わせ総数
bar = progressbar.ProgressBar(max_value=ncombi)
for i, icombi in enumerate(all_combinations(P)):
    bar.update(i+1)
    combi_list.append(icombi) # 説明変数使用リスト
    xtry = X[:, icombi] # 使用する説明変数は全体の一部
    ytry = y # 目的変数
    mean, std, coef = make_cv_model(xtry, ytry) # 回帰スコアと係数
    mean_list.append(mean)
    std_list.append(std)
    coef_list.append(coef.ravel()) # Ridge では不要だが,回帰モデルによっては必要

mean_list = np.array(mean_list)
```

```
std_list = np.array(std_list)
```

[4]　結果解釈

　ここで後の解析のために R^2 を平均値で並び替えておきます．全探索で得られた R^2 の値のヒストグラムを可視化します．

```
from all_combinations_misc import plot_r2_hist
# 可視化のためのデータフレーム作成
df_score = pd.DataFrame({"combination": combi_list,
                         "score_mean": mean_list,
                         "score_std": std_list, "coef": coef_list})
# score_mean で降順にソート
df_score.sort_values(by="score_mean", ascending=False, inplace=True)
# アクセスしやすいように index をソートした順につけ直す
df_score.reset_index(drop=True, inplace=True)
plot_r2_hist(df_score,xlim=(-0.5,1)) # 可視化
```

上のセルの出力を図 4.26 に示します．R^2 の分布が大まかに四つの領域に分かれていることが分かります．

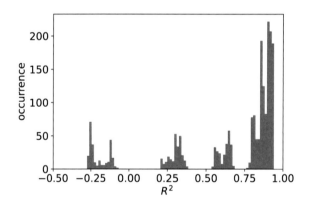

図 4.26　モデル全探索における R^2 のヒストグラムを示す．

　ダイアグラム表示のために各モデルで選択しなかった説明変数カラムを加えてデータフレームを作り直します．

```
from all_combinations_misc import calculate_coeffix
# 使用しなかった説明変数を 0 として大きな表をつくる.
coeffixlist = calculate_coeffix(DESCRIPTOR_NAMES,
                                df_score["combination"].values,
```

```
                                     df_score["coef"].values)
df_coef = pd.DataFrame(coeffixlist, columns=DESCRIPTOR_NAMES)
df_result = pd.concat([df_score, df_coef], axis=1) # index を合わせて横に結合
# score_mean で降順にソート
df_result.sort_values(by="score_mean", ascending=False, inplace=True)
# アクセスしやすいように index をソートした順につけ直す
df_result.reset_index(drop=True, inplace=True)
```

上位 200 位までの R^2 を示します.

```
fig, ax = plt.subplots() # matplotlib の図と座標軸を得る
# （ソートしてあるので）上位 200 位までを可視化
df_result.loc[:200, :].plot(y="score_mean", yerr="score_std", ax=ax)
ax.set_xlabel("index") # 横軸名
ax.set_ylabel("$R^2$") # 縦軸名
fig.tight_layout()
```

上のセルの出力を図 4.27 に示します. R^2 の標準偏差を見ると分かる通り実質これらは全部同じ R^2 を持つ解です.

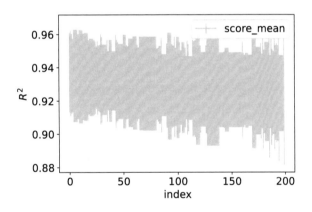

図 4.27 上位 200 位までの R^2 を示す.

上位 50 位までと範囲を広げて 200 位までの係数の大きさを並べてヒートマップで表示します. 次のセルの出力を図 4.28 に示します. これを weight diagram と呼びます [40, 41, 42].

```
from all_combinations_misc import plot_weight_diagram
fig, axes = plt.subplots(1,2, figsize=(10,3)) # 1x2 の図の枠を作成
plot_weight_diagram(df_result, DESCRIPTOR_NAMES, nmax=50, ax=axes[0]) # 左
plot_weight_diagram(df_result, DESCRIPTOR_NAMES, nmax=200, ax=axes[1]) # 右
```

123

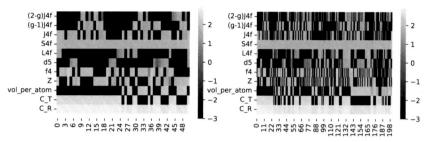

図 4.28　上位 50 位，200 位までの係数の大きさを示す．

　最も評価指標値が高い回帰モデルの回帰係数の絶対値（＝重要度）を降順に見ると C_R，C_T，Z，f4，J4f，L4f です．　一方，上位 24 位までの重要性として見ると C_R，C_T，S4f の順に見えます．このような解析では選択範囲で説明変数の重要性が異なりそうです．

　また，C_T を vol_per_atom に替えた C_R，vol_per_atom，S4f を含むモデルも 25 位以降に現れます．　しかし，上位 200 位までの R^2 によるとほぼ同じ R^2 を示すモデルですから，最も回帰性能が高い単一モデルを考えた場合に乱数によっては R^2 の順位が逆転し説明変数の重要性も異なる可能性もあることもこの解析は示しています．

ヒストグラムのエネルギー領域で区切った解析　回帰モデル集合全体で説明変数の重要性をもう少し解析します．R^2 のヒストグラムに四つの分離した領域が見えました．それらの特徴を解析します．

```python
from all_combinations_misc import make_and_plot_block_weight_list
querylist = ["score_mean<0.15", "score_mean>0.15 and score_mean<0.5",
             "score_mean>0.5 and score_mean<0.7", "score_mean>0.7"]
make_and_plot_block_weight_list(df_result, DESCRIPTOR_NAMES, querylist)
```

上のセルの出力図を図 4.29 に示します．図の heatmap では規格化された各説明変数の頻度を示します．例えば，頻度＝1 はその領域でその変数が必ず用いられたことを意味します．図の縦軸で上から (2-g)J4f から Z までは頻度 0.5 です．従って，その領域でそれらの説明変数を用いたモデルがまんべんなく用いられていると考えられます．一方，vol_per_atom，C_T，C_R 説明変数の特徴は以下のように読み取れます．

- $0.7 <$ score_mean：ほぼ C_R を使う．しかし，必ず使用するわけではない．vol_per_atom，C_T の使用頻度も高い．
- $0.4 <$ score_mean< 0.7：C_R と vol_per_atom を使わない．C_T を必ず使う．
- $0.15 <$ score_mean< 0.4：C_R と C_T を使わない．vol_per_atom を必ず使う．
- socre_mean < 0.15：C_R，C_T，vol_per_atom をほぼ使わない

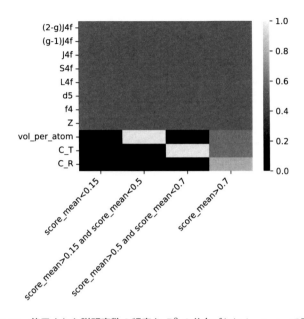

図 4.29　使用された説明変数の頻度を R^2 の分布ごとに heatmap で示す.

　次に 200 番刻みで 1200 番めまでの平均の特徴を図示します. R^2 平均値が最も大きい分離した頻度構造に含まれるモデル数は 1280 ですから, ほぼ R^2 ヒストグラムの平均値が最も大きい構造を上位から 200 位ごとに解析することになります. 解析スクリプトは煩雑なので本書には載せません. 興味があれば all_combinations_misc.py ご覧ください.

```python
from all_combinations_misc import make_indicator_diagram
from all_combinations_misc import make_all_ind_by_index
df_indicator_diagram = make_indicator_diagram(
    df_result, DESCRIPTOR_NAMES)
# df_indicator_diagram は各モデルに対して説明変数が用いられたら True,
# 用いられなかったら=False を持つデータフレームです
regions = [_i for _i in range(6)]
regionsize = 200
# 200 位ごとに説明変数の使用頻度を計算します.
df_imp_by_index = make_all_ind_by_index(
    df_indicator_diagram, DESCRIPTOR_NAMES, regions, regionsize)
from all_combinations_misc import plot_df_imp_by_index
plot_df_imp_by_index(df_imp_by_index, DESCRIPTOR_NAMES,
                     regions, regionsize) # 可視化
```

上のセルの出力を図 4.30 に示します.

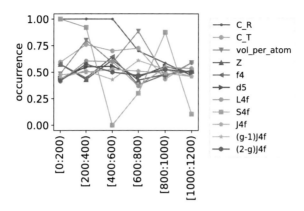

図 4.30　R^2 が最大の分布内で，上位から 200 位ごとに説明変数の頻度を解析した．

この解析によると各領域は以下の特徴を持ちます．

1. 600 番目までは C_R を必ず含む．その後割合が減る．
2. 200 番目までは S4f を必ず含む．その後割合が減るが，800-1000 番目で再び割合が増る．
3. C_T は 200, 400, 600, 800 番目で 0.595, 0.760, 0.700, 0.725 と増えその後再び割合が減少する．
4. vol_per_atom は 0.485, 0.800, 0.590, 0.885 と増えその後再び割が減少し，C_T と似た振る舞いをする．

説明変数の使用頻度では C_R, S4f, vol_per_atom もしくは C_T の順序のようにも見えます．高 R^2 値のモデル中の説明変数の頻度を重要性と定義するとこの順序になります．

　R^2 の分布ごと，そしてより詳しく解析することで，回帰モデル集合の説明変数の重要性がどのように変化していくかの知見が得られました．このように解析の仕方によって説明変数の重要性は変わることを念頭に置いて解析・理解を行ってください．

[5]　補足：relevance analysis

　permutation importance と似た考え方である relevance analysis を最後に紹介します．これは全ての説明変数から作成したモデル集合 (D) の最大評価指標値から，ある説明変数 d_i を除いて作成したモデル集合 ($D_i = D - d_i$) の最大評価指標値の差と定義されます．評価指標が R^2 の場合は

$$\Delta R^2_{d_i} = \max_{\forall s \subset D} R^2_s - \max_{\forall s \subset D_i} R^2_s$$

となり，ここに R^2_s はモデル s の R^2 です．これにより重要性を定義した結果を以下で可視化します．次のセルの出力を図 4.31 に示します．ΔR^2（図の diffR2）の値は小さいですが値の降順に並べると C_R, S4f, C_T, J4f の順となります．$\Delta R^2_{\text{vol\_per\_atom}} \sim 0$ です．これは説明変数 vol_per_atom がなくても他の説明変数の組み合わせで目的変数 Tc に対してはほぼ説明変数 vol_per_atom を表現できるという意味で非重要な説明変数であること意味します．relevance analysis はどの回帰モデル集合に対しても適用できますが，線形回帰モデルの場合は共線性とい

う概念があるので意味が理解しやすいでしょう．この手法は単一説明変数でなく複数説明変数の組み合わせに対しても自然に拡張できます [18].

```
relv = []
global_max = df_result["score_mean"].max() # 全集合の評価指標平均値の最大値
for descriptor in DESCRIPTOR_NAMES:
    _df = df_result[df_result[descriptor]==0] # 説明変数を用いていないモデル集合
    local_max = _df["score_mean"].max() # 部分集合中の評価指標平均値の最大値
    relv.append([descriptor, global_max - local_max])
# 可視化のためのデータフレーム作成
df_relv = pd.DataFrame(relv, columns=["descriptor", "diffR2"])
# diffR2 の降順にソート
df_relv.sort_values(by="diffR2", ascending=False, inplace=True)
df_relv.plot.bar(x="descriptor", y="diffR2") # bar 表示
plt.tight_layout()
```

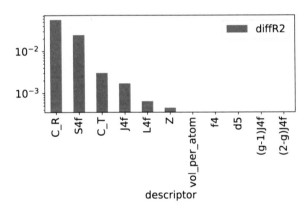

図 4.31 relevance analysis

4.5.4 演習問題

問題1

スクリプト 140.110.answer.all-combinations-ReCo-Carbon8.ipynb で，

```
DATA_NAME = "ReCo"
REGRESSION_MODEL = "RF" # ランダムフォレスト回帰
```

として実行し結果を確認してください．RF の場合の説明変数重要性は reg.feature_importances_ で与えられます．

解答 ランダムフォレスト回帰の場合は大きく分けて分離した頻度構造が三つ見えます（図4.32 参照）.

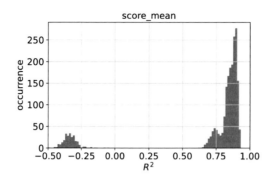

図 4.32 モデル全探索における R^2 の分布を示す.

次に上位 50 位までの weight diagram を見ると，C_R の重要性が高いことが分かります．一方 C_T は上位に選ばれていません.

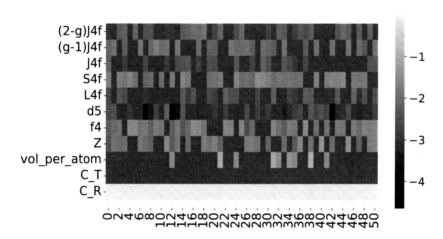

図 4.33 上位 50 位までのモデルで用いられた説明変数とその重要性を heamap で示す.

また，上位 50 位までの R^2 を見ると，この場合も交差検定による誤差を考慮するとほぼ同じモデルであることが分かります（図 4.34 参照).

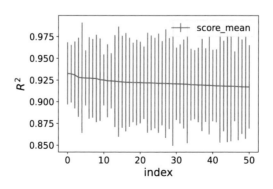

図 4.34 上位 50 位までの R^2 を示す.

DOS の三つの分離した頻度構造の説明変数の重要性からは（図 4.35 参照），

- $R^2>0.8$ では C_R, C_T を用いる.
- $0.5<R^2<0.8$ では vol_per_atom を用いる．C_R, C_T を用いない.
- $R^2<0$ では C_R, C_T, vol_per_atom を用いない.

モデル集合であることが分かります.

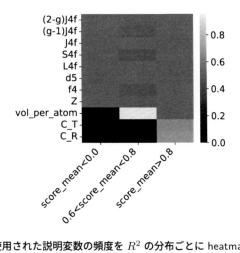

図 4.35　使用された説明変数の頻度を R^2 の分布ごとに heatmap で示す.

$R^2>0.8$ の分離した頻度構造の重要性と上位 50 位のモデルの重要性が矛盾しているように思えるかもしれません．$R^2>0.8$ の分離した頻度構造は上位から 1507 モデルを含みます．この 300 モデルごとの各説明変数の重要性を図 4.36 に表します．上位から 600-900 位で C_R から C_T へ重要性の変化が起きていることが分かります．またその他の説明変数についても少なからず頻度の増減があるようです．線形回帰モデルでは無いので共線性ではありません．C_R が持っていた情報が他の変数の組が持っている情報で補われたと解釈するのが妥当でしょう.

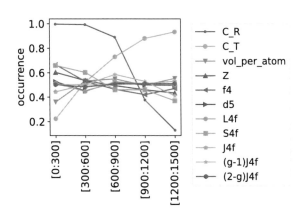

図 4.36　上位から 300 位ごとに説明変数の頻度を解析した.

問題 2

　本文の回帰モデル全探索結果は回帰モデルで用いた説明変数の数ごとに分けることができです．説明変数の数に対して n ごとに最も大きな値の R^2 を図示してください．そして，ほぼ R^2 が同じ値になった n の回帰モデルの説明変数を並べて結果を解釈してください．

解答　同じく 140.110.answer.all-combinations-ReCo-Carbon8.ipynb がこれを行います．データと回帰手法は以下で希土類コバルト合金データと線形回帰モデルを用います．

```
DATA_NAME = "ReCo"
REGRESSION_MODEL = "Linear"
```

　図 4.37 左は n に対して n ごとに最も大きな R^2 を示しています．図 4.37 右は $n=3$ の場合の回帰モデルを R^2 が大きい順に 10 位まで並べています．順序をインデックス (図では index) で表します．左右図とも縦軸は同じスケールです．上位 6 位まではこのデータの範囲内ではほぼ同じ R^2 を持つ回帰予測モデルと言ってもいいでしょう．

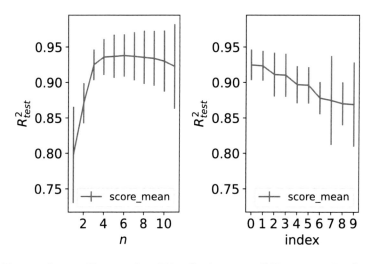

図 4.37　左：n に対して n ごとに最も R^2．右：n=3 で降順にソートした R^2．

　次に $n=3$ の各モデルで使用する線形回帰モデルの係数[15]を示します．図 4.38 に $n=3$ の場合の回帰モデルを R^2 の値が大きい順に 6 位まで並べています．index は前の図と対応しています．heatmap なので色の比較がしにくいので使用する説明変数を書いておきます．index 0 のモデルは C_R, vol_per_atom, S4f を使用します．index 1 のモデルは C_R, C_T, S4f を使用します．index 2 のモデルは C_R, C_T, Z, index 3 のモデルは C_R, C_T, f4, index 4 は C_R, vol_per_atom, Z, index 5 は C_R, vol_per_atom, f4 です．

　これをまとめると C_R, (vol_per_atom or C_T), (S4f or Z or f4) という組で考えることができるのかもしれません．このまとめ方もデータ解析学手法を用いた，より見通しが良いまと

15　絶対値ではありません．

め方を用いた方が良いでしょう [18]．線形回帰モデルの場合はある複数の説明変数が欠けた場合に，その効果を別の複数の説明変数の組で表すという説明変数間の共線性を見ているに過ぎないとも言えますが，実際にどのように複数の説明変数を交換できるかは自明ではないですし，そしてそのような考察を用いて相関を用いて学習した予測評価指標値が高い回帰モデル学習（群）の背後にあるはずの「原理」のヒントを得ようとするとより深い考察が必要です．説明変数を用いた具体的な関係式を求める問題は関数同定問題と言われますが，これをより物理に解釈容易に，更にもっともらしい形にする研究も行われています [28, 43, 44]．

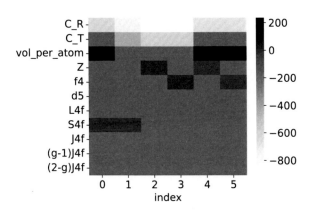

図 4.38　$n=3$ の各モデルで使用する説明変数

4.6　ベイズ最適化

　本節で説明するスクリプトは{ROOT}/150.Bayesian_optimization/に保存されており，同ディレクトリから実行することを想定しています．

　回帰モデルにより，予測値を得ることができることは紹介しました．本節では予測値期待値だけでなく予測値の分散も同時に評価することができるガウス過程回帰手法を用いて，複数の局所最適解があるデータから大域最適値を与える説明変数の探索が行えることを示します．

4.6.1　解説

　有限個の訓練データを用いて回帰を行いますから，図 4.39 の？で示した領域のように「外挿」となる（はずの）説明変数領域は存在します．このような外挿領域，近傍にデータが足りない領域は予測の不確かさがそうでない領域に比べて大きいはずです．回帰によりある説明変数での目的変数値が予測可能なことは分かりましたが，同時に値の不確かさ（例えば標準偏差）は評価できないでしょうか．観測値にノイズが含まれるとして定式化を行うのがその一つの手法です．

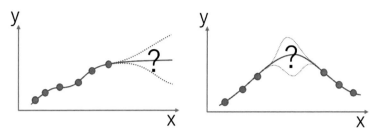

図 4.39 外挿領域，近傍に説明変数が足りない領域

[1] ガウス過程回帰

予測モデルとして

$$f(\vec{x}) = \sum_p c_p K(\vec{x}, \vec{x}_p)$$

$K(\vec{x}, \vec{x}')$ として RBF カーネル (ガウシアン)

$$K(\vec{x}, \vec{x}') = \exp\left(-\gamma \|\vec{x} - \vec{x}'\|_2^2\right)$$

を考えた予測モデルをガウス過程（ガウシアンプロセス）回帰と呼びます．ここに $\vec{x}_p$ は訓練データの説明変数で，$\vec{c}_p$ は回帰により求める係数です．ガウス過程回帰は訓練データ点 $\vec{x}$ に $K(\vec{x}, \vec{x}')$ で表現される確率分布を置いていくという考え方で，訓練データが近い点では誤差を小さく，訓練データが遠い点では誤差を大きくする予測ができます．

[2] ベイズ最適化

ベイズ最適化はガウス過程回帰が予測期待値と予測標準偏差が求めることができることを利用して獲得関数を通して最適な説明変数値の探索を行う手法です．この過程は以下になります．

1. 既知の観測点 $(\vec{x}_i, y_i^{\text{obs}})$ が存在する $(i = 1, ..., n)$.
2. ガウス過程回帰による代理モデルで探索候補点 j の (x_j, y_j) に対し y_j の期待値 $y_{\text{mean},j}$ とその標準偏差 σ_j を予測する．
3. 期待値 $y_{\text{mean},j}$ と σ_j を利用した獲得関数により，候補点 $(j = 1, ..., m)$ の獲得関数値を評価する．
4. 候補点の中で最も高い獲得関数値を与える目的変数値 y_k^{obs} を実際に観測し候補点セットに加える．
5. 最初に戻る．

という作業を逐次的に行います．この反復がコスト的に難しい場合は初回の獲得関数から推薦リストを得て，その中で実際に値を観測するだけでも十分な場合があります．

訓練データの予測期待値値による最適値選択（＝活用）と大きな標準偏差で表現される未評価点選択（＝探索）を行う手法であると言われます．標準偏差の大きさから未探索点の評価がある程度できるので全空間の探索が可能です．また，ベイズ最適化は微分が評価できない関数に対して最適解を求めることを可能にする手法です．

[3] 獲得関数

代表的な獲得関数[16] (a) を以下に書きます.

Upper Confidence Bound (UCB) $a_\mathrm{UCB} = y_\mathrm{mean} + k_t\sigma$ を用います. ここで t を探索回数として k_t は $\sqrt{vt}$, 定数などの選択肢があります.

Thompson sampling (TS) 確率過程を用いて獲得関数とします. ガウス過程回帰は回帰モデルの一種で目的変数 $(\vec{Y} = \{\vec{y}_1, \vec{y}_2, \cdots, \vec{y}_N\})$ の平均値 $(\vec{M} = \{\mu_1, \mu_2, \cdots, \mu_N\})$ だけでなくそれらの分布(共分散行列 (Σ))を予測することができます. [17]これらから $\vec{Y}$ の分布

$$f(\vec{Y}) = \frac{1}{(2\pi)^k \det(\Sigma)} \exp\left(-\frac{1}{2}(\vec{Y} - \vec{M})^T \Sigma^{-1}(\vec{Y} - \vec{M})\right)$$

が定義できるので一点サンプル $(\vec{Y})$ を選び獲得関数とします. これは, scipy の multivariate_normal.rvs() や scikit-learn では GaussianProcessRegressor クラスの sample_y() メンバ関数で行えます.

例えば UCB (upper confidence bound) と呼ばれる獲得関数を用いる場合は図 4.40 の (1) から (3) の作業を繰り返し行います. 予測の不確かさを加味した最大値探索を行います.

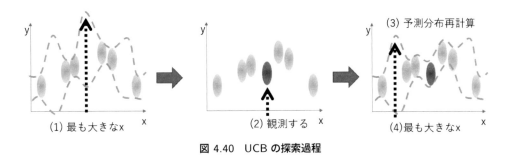

図 4.40 UCB の探索過程

4.6.2 スクリプトの説明

本スクリプトは 150.050.text.explanation.ipynb に保存されています.

```
import random # モジュールの import
import numpy as np
import pandas as pd
import matplotlib.pyplot as plt
from sklearn.gaussian_process import GaussianProcessRegressor, kernels
from sklearn.gaussian_process.kernels import RBF
from sklearn.preprocessing import StandardScaler
```

---

16   aquisition function

17   予測点の数を N として $\vec{Y}$, $\vec{M}$ はサイズ (N) の配列, Σ はサイズ (N, N) の配列です.

```
%matplotlib inline
```

　RANDOM_STATE で三つ選択する初期データインスタンスを決めます．UCB の獲得関数を用い $k_t = \sqrt{vt}$ とします．t が行動回数，v が変数 V に対応します．

```
RANDOM_STATE = 1
V = 1
```

[1]　データ収集

　ファイルからデータを取得します．$N = 130$，$P{=}1$ で説明変数（変数 X）サイズが (N, P) の配列，目的変数（変数 y）がサイズ (N) の配列です．ベイス最適化はデータを動的に収集しますが，シミュレーションを行うために全目的変数もファイルから読み込みます．

```
ROOT = ".."
df = pd.read_csv(f"{ROOT}/data_calculated/02x_m_sin5w.csv") # データ読み込み
DESCRIPTOR_NAMES = ['x1'] #,'x2'] # 説明変数カラム名
TARGET_NAME = "y" # 目的変数カラム名
Xraw = df[DESCRIPTOR_NAMES].values # 生説明変数
y = df[TARGET_NAME].values # 目的変数
```

[2]　データ加工

　Z-score normalization による説明変数規格化を行います．

```
scaler = StandardScaler()
X = scaler.fit_transform(Xraw) # 説明変数の規格化
y = y - np.mean(y) # 平均を引いて目的変数とする
```

　規格化された x1 に対して可視化します．

```
plt.plot(X[:, 0], y, ".-")
```

上のセルの出力を図 4.41 に示します．最大値が二つあるデータであることを示しています．

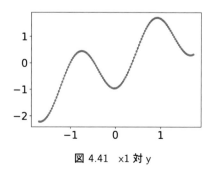

図 4.41　x1 対 y

[3]　データからの学習

RBF カーネルのガウス過程回帰と UCB 獲得関数を用います．ここではカーネルパラメタを最適化しません[18]．

```
kernel = RBF(length_scale=1)
reg = GaussianProcessRegressor(kernel=kernel, optimizer=None)
```

y の最大を与えるインデックスを求めておきます．

```
iopt = np.argmax(y)
```

このインデックス (iopt=99) を求めて探索終了とします．別ファイルで定義した表示用関数 plot_GPR を用いて探索過程を可視化し結果解釈を行います．

```
from BO_misc import plot_GPR
random.seed(RANDOM_STATE) # 乱数設定
idx = range(X.shape[0]) # でデータインスタンス [0,N-1] のリスト
action = random.sample(idx, 3) # idx から三つランダムに選択
final_action = False # loop を終了するか
for it in range(20):
    Xtrain = X[action] # 訓練データ=観測したデータの説明変数
    ytrain = y[action] # 訓練データの目的変数
    reg.fit(Xtrain, ytrain) # 学習
    yp_mean, yp_std = reg.predict(X, return_std=True) # 予測
    acq = yp_mean + yp_std*np.sqrt(V*it) # 獲得関数
    ia = np.argmax(acq) # 獲得関数最大値を得るインデックス．次回観測する
    action = np.hstack([action, ia]) # 観測した + するデータインデックス
    plot_GPR(X, y, Xtrain, ytrain, yp_mean, yp_std, acq, it+1, ia) # 可視化
    if final_action:
        break
    if iopt in action: # 最大インデックスが見つかったので次回に終了させる
        print(f"iteration {it} action={action}")
        final_action = True
```

上のセルの出力を図 4.42 に示します．スクリプトでは 20 回探索を行いますが，7 回めで最大 y を与える x が見つかりました．このデータではすでに y の全ての観測値を知っていますので y の観測値を点線で表します．探索を行い，y を観測した点はマーカー o で表され，これらの点を用いてガウス過程回帰モデルを学習します．ガウス過程回帰による予測期待値は細線と予測標準偏差は帯で表します．獲得関数は太線で表します．獲得関数の最大値を示す説明変数が次の候補点でありこの位置を縦点線で表します．

18　GaussianProcessRegressor クラスで optimizer=None とします．データによりますが，この例では最適化しない方が良い結果になります．optimizer=None を削除すると fit 時にカーネルパラメタを最適化します．

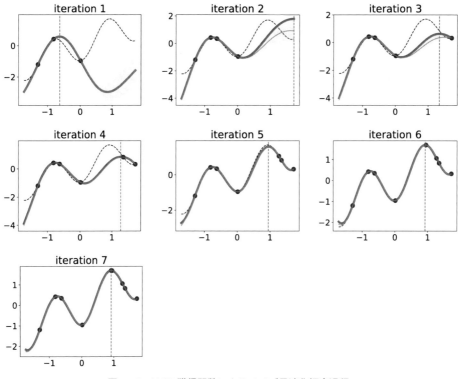

図 4.42　UCB 獲得関数によるベイズ最適化探索過程

　この乱数は初期値として左側の山の形を 3 点観測するように設定しています．繰り返し三回目から右側の山を少しづつ探索していくように見えるので，人間としてはまどろっこしく思えるかもしれませんが，図では答えである点線が同時に示されているのでそう感じるのです．左側の山の形を得つつ，未探索領域である右側の山の探索を行い 7 回めで最大値を与えるインデックスを見つけています[19]．

　スクリプトでは説明を容易にするために説明変数として x1 のみを用いましたが，データは $(\mathrm{x}1, \mathrm{x}2, \mathrm{x}3, \mathrm{x}4, \mathrm{x}5)=(x, x^2, x^3, x^4, x^5, \sin(x))$ の説明変数を持つとして x が $[0,8)$ の範囲で生成してあります．乱数や回帰モデルに用いる説明変数を変えて探索過程を実験してみてください．

4.6.3　演習問題

UCB 以外の獲得関数を用いて，また物質データを用いてベイズ最適化を行います．

問題 1

Thompson sampling で分散共分散行列で定義される分布からデータインスタンスの個数のベクトルを一点求めるには

---

[19]　実際はこのインデックスの y を観測して終了せねばなりません．

```
reg.sample_y(X, random_state=random_state)
```

用いて行えます．変数 random_state は毎回値を変えてください[20]．この返り値が獲得関数値です．本文スクリプトを例として Thompson sampling を行うスクリプトを作成してください．

解答 スクリプト 150.110.answer.bayesian_opt_sample.ipynb がこれを行います．一回目と七回目の探索過程を図 4.43 に表示します．今の乱数の場合は Thompson sampling の方が早く最適値が求まります．各自乱数や k_t を変えて収束の仕方を調べてみてください．

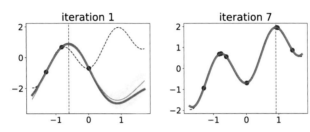

図 4.43　Thompson sampling を用いた一回目と七回目の探索過程

問題 2

以下の炭素結晶構造データに対して TARGET_NAME カラムの変数を目的変数としてベイズ探索を行ってください．なお，最大値を探索する問題にするために全エネルギー E に-1 をかけており，説明変数は原子説明変数の和を取り結晶説明変数を生成しています．

```
df = pd.read_csv(
    "{ROOT}/data_calculated/Carbon8_descriptor_energy.csv", index_col=[0])
DESCRIPTOR_NAMES = ['a0.25_rp1.5', 'a0.25_rp2.5', 'a0.5_rp1.5']
TARGET_NAME = 'minus_energy'
```

解答 スクリプト 150.120.answer.Bayesian_opt_materials.ipynb がこれを行います．初期値として 10 データインスタンス選択した後に，ベイズ探索を開始します．問題を難しくするために最大値に近いデータインスタンスはこの初期値に選ばれないようにしています．乱数により終了するまでの回数は大きく異なりますが，期待値と標準偏差（図 4.44 左）と UCB 獲得関数（図 4.44 右）の 1 回目,11 回目，25 回目を可視化した図を示します．図の横軸 index は minus_energy でソートした順序です．図右の獲得関数の点 (o) が次の候補点です．

各過程でガウス過程回帰モデルを学習するために用いた訓練データも点で表示しています．目的変数を降順にソートしてから探索しているので妥当な回帰モデル学習ができた場合は右肩下がりの回帰期待値が与えられます．特に繰り返しの一回目では回帰モデル期待値と標準偏差（図左）と獲得関数（図右）とが異なることが分かります．探索が進み，予測誤差が小さくなると回

---

[20]　random_state を指定しないと毎回同じ値を返します．

帰モデル期待値と獲得関数は似た形に変化していきます．探索 1 回目に比べて 25 回目には回帰モデル期待値と獲得関数の右肩下がりの傾向がかなり強くなりました．獲得関数はなめらかに変化していません．

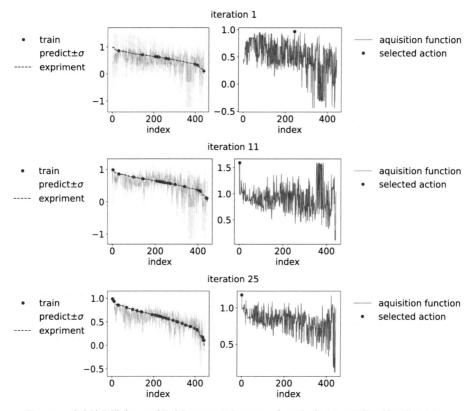

図 4.44　炭素結晶構造ベイズ最適化による最低エネルギーの探索過程：回帰関数と獲得案数

　炭素結晶構造データの場合は PCA により二次元に次元圧縮した説明変数空間での探索経路が表示されます．これを図 4.45 に示します．全ての構造には一次元，二次元，三次元の構造が含まれます．図左下の■がダイアモンド，中央やや下にある▲がグラファイトを示します．三次元構造であるダイアモンドと二次元構造であるグラファイトやとても近い全エネルギーを持ち，ダイアモンドと構造および全エネルギーが近い構造は sp^3 原子環境を多く持ち，グラファイトと構造および全エネルギーが近い構造は sp^2 原子環境を多く持ちます．全データインスタンスを・，すでにの探索した点を x，次の探索経路を矢印で書いています．説明変数空間で様々な点を探索しますが，いつの間にかダイアモンド，もしくはグラファイトの周りの点が探索され，最良値付近の回帰モデル学習のために過去の探索点が活用されているのが分かります．この探索ではダイアモンド構造を見つけて探索を停止させています[21]．同スクリプトには他のデータも読み込めるように作成しておりますので各自ベイズ探索を行ってみてください．

21　このデータでは第一原理電子状態計算による構造緩和を行っていませんのでダイアモンド構造の全エネルギーがグラファイトの全エネルギーより低くなっています．

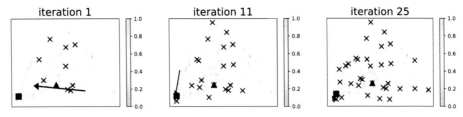

図 4.45 炭素結晶構造ベイズ最適化による最低エネルギーの探索過程：説明変数空間

4.7 次元圧縮を利用した推薦システム

本節で説明するスクリプトは{ROOT}/160.recommender_system/に保存されており，同ディレクトリから実行することを想定しています.

単純化のために具体的な格子や内部座標を捨て，物質を（構成元素，組成，空間群）の変数空間のみで定義し，この変数空間で常圧で存在する物質を得たい，という問題とします. 単純化したにも関わらず空間群だけでも 230 あり，目的に合う物質はこの変数空間のうちごく僅かな数点にしか存在しません. しかしデータから何らかの規則を得て，ありうる物質の優先度を得ることは可能でしょうか. 本節ではこの問題に対する一つの手法を紹介してます.

4.7.1 解説

$A_x B_{1-x}$ という物質を考えます. B はある共通な化学式とし，A=Li と Na の組成 x を 0.1 刻みで既存の実験結果を文献から生データを収集します. これが表 4.1 のようにまとめられるとします.

表 4.1 物質 $A_x B_{1-x}$ の存在・非存在.

A	x	存在・非存在
Li	0.1	存在
Li	0.2	存在
Li	0.3	非存在
...		
Na	0.2	存在

これを元素 A 対組成比の行列として，それぞれのセルの存在・非存在として書き直し，表 4.2 にまとめられるとします. 灰色部分がその物質が存在する組成領域，白い部分が存在しない領域，? がデータが無かった領域です. なお，表 4.1 の生データに欠けがあるわけではなく，欠けがあるように見えるまとめ方をしたのです.

表 4.2 物質 $A_x B_{1-x}$ の存在・非存在・不明を行列のセルの濃淡で示す.

	0.1	0.2	0.3	0.4	0.5
Li					
Na			?	?	?

139

　物理化学の知識から Li と Na は似ているはずですから，Li の作成可能・作成不能な物質は Na でも同様に作成可能・作成不能だろう，と期待したくなります．協調フィルタリングを用いてこの推測を行うことができます．この手法は存在するかどうかだけでなく物性値が何かの値以上を持つ物質の推薦問題としても良いので適用範囲は広いはずです．

　この具体的な手順は

1. 存在=1, 非存在=0, 不明には，例えば=0 を割り当てる[22].
2. 説明変数空間全体を何かの操作で少ない特徴ベクトルに縮約する（次元圧縮する）.
3. その少ない特徴ベクトルから 1 で使った操作を逆に用いて再び説明変数空間全体に展開し直す.

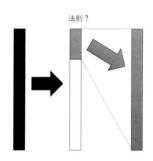

図 4.46　低ランク近似

という低ランク近似行列を求めます [45]（図 4.46 参照）．少ない特徴ベクトルが系の特徴（規則）を十分に表しているすれば，何かしらの「規則」が現れることが期待されます．

　本節では行いませんが，同様にニューラルネットワークのオートエンコーダーが学習する潜在変数 (latent variable) を用いた研究もあります [47, 48]．このようなデータ間の相関を用いて推薦を行うアルゴリズムを協調フィルタリングと呼び，多数の商品を販売する Web サイトで多くのユーザーの嗜好から個々のユーザーに対しておすすめ商品表示を行うアルゴリズムとしても有名です．

4.7.2　スクリプトの説明

　本スクリプトは 160.050.text.explanation.ipynb に保存されています．これは，ファイル "data/example.csv" を読み込み，SVD を用いた低ランク近似行列を用いて推薦リストを得る簡単な例を示します．

---

[22]　新帰納法なので，不明な場合の割当値は訓練・テストデータに分割し推薦を行ってみて決定するのが適切なやり方です．また，文献には存在しないということを書くことは少ないですし，また，ある実験で存在しなかったとしても，異なる実験では存在する可能性もあります．その理由で，存在に対して不明と非存在を同じ値にするのは不合理な仮定ではありません．

```
import pandas as pd # モジュール import
import seaborn as sns
import numpy as np
import matplotlib.pyplot as plt
%matplotlib inline
```

NRANK が圧縮次元，THRESHOLD が推薦しきい値です．

```
NRANK = 3
THRESHOLD = 0.2
```

[1] データ収集

ファイルからデータを取得し，ヒートマップで可視化します．1 は存在，0 は非存在もしくは不明を意味すると定義します．

```
ROOT = ".."
df_orig = pd.read_csv(f"ROOT/data/recommend/example.csv", index_col=[0])
sns.heatmap(df_orig.values) # heatmap 可視化
```

上のセルの出力を図 4.47 に示します．

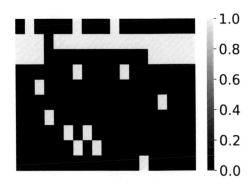

図 4.47　ヒートマップ表示の存在・非存在

[2] データからの学習

特異値分解と低ランク近似行列の作成を行います[23]．

23　この場合は df_orig の index と column に意味がある値が入っていないのでデータフレームに直す必要はありません．

```
X = df_orig.values # 説明変数
u, sdiag, v = np.linalg.svd(X) # 特異値分解
s = np.zeros((u.shape[1], v.shape[0]))
s[:NRANK, :NRANK] = np.diag(sdiag[:NRANK]) # S を NRANK まで非ゼロとする
# *で matrix 演算をするために np.matrix 型に変換
u = np.matrix(u)
v = np.matrix(v)
s = np.matrix(s)
recom_svd = u * s * v # 低ランク近似行列
df_recom = pd.DataFrame(recom_svd, index=df_orig.index,
                        columns=df_orig.columns)
```

[3]　結果解釈

　元行列，低ランク近似行列，それらの差を可視化します．

```
from plot_diff import plot_df_diff
plot_df_diff(df_orig, df_recom, THRESHOLD)
```

上のセルの出力を図 4.48 に示します．元行列 df_orig（左図），低ランク近似行列 df_recom（中央図）あるしきい値以上の値を持つセルに対応する値 df_recom-df_orig > THRESHOLD を推薦対象（右図）を表示します．

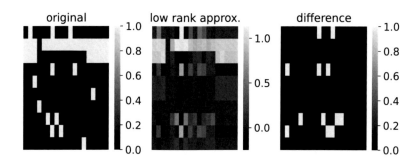

図 4.48　元行列，低ランク近似した行列と行列の差

　参考のために，低ランク近似の次元（NRANK）を 1 と 7 とした場合の低ランク近似行列と元行列との差を図 4.49 に示します．同スクリプトで NRANK を変えて生成しました．
各次元で異なる推薦を行い，低ランクの場合ほど大まかな構造を見出します．NRANK=1 の場合は人間も見出すであろう横線の大まかな構造を見出しています．一方，NRANK が 7 の場合は横線の大まかな構造を見出されず，人間には理解できない推薦を行っています．では，どちらが良いのでしょうか．低ランク近似の次元としきい値が変化させるパラメタとなり，訓練データとテストデータに分け，最も妥当なパラメタを選択し，新規データに適用することができま

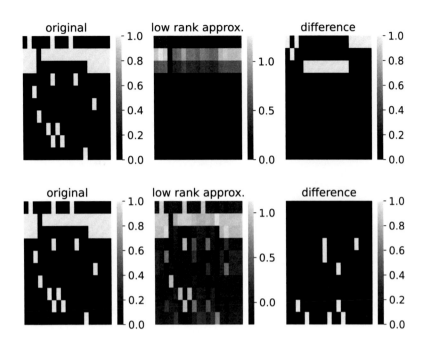

図 4.49　元行列，低ランク近似した行列と行列の差．上：NRANK=1，下：NRANK=7.

す．また，様々なハイパーパラメタにおける推薦物質をまとめて推薦リストとする可能性もあります．どの手法が最も良いかは，物質系や行列セルの定義法だけでなく，この物質系でどの程度探索が行われたにも依っているでしょう．例えば，探索初期は NRANK=1 の推薦が妥当なのでしょう．データ解析学は新帰納法ですのでいろいろと試す必要があります．また，いろいろと試して得られた結果を吟味・解釈することもデータの本質を見抜くことにつながります．

4.7.3　演習問題

特異値分解と同様な手法である非負値分解行列因子分解，そして物質科学のデータを用いて同解析を行います．

問題1

本文の例に対して非負値行列因子分解（NMF）を用いて推薦を行ってください．その際にランク (NRANK) を指定した非負値近似行列 (変数 WH) は以下のように作成できます．

```
from sklearn.decomposition import NMF
model = NMF(n_components=NRANK, init='random',
            random_state=RANDOM_STATE)
W = model.fit_transform(X) # 非負値近似行列生成
H = model.components_
W = np.matrix(W) # *で行列演算を行うために変換
H = np.matrix(H) # *で行列演算を行うために変換
```

```
WH = W*H  # 低ランク近似行列
```

解答　160.110.answer.simple_example.ipynb に対して LOWRANK_APPRPOX="nmf" として実行することで行なえます. 図 4.50 に一次元, 三次元, 七次元の低ランク近似行列の結果を示します. このデータの場合は一次元, 三次元では SVD とほぼ同じ低ランク近似行列が得られます.

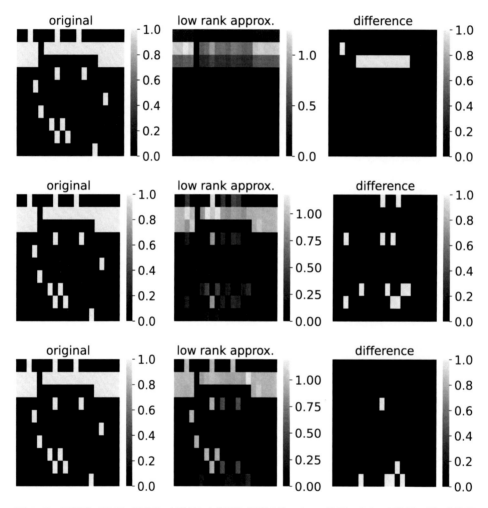

図 4.50　元行列, NMF で低ランク近似した行列と行列の差. 上：一次元, 中央：三次元, 下：七次元

問題 2

　構造データベースから 例えば, In と P からなる二元物質を検索すると化学式（空間群名）という表記を行うと InP (F-43m), InP3（R-3m）, InP（Fm-3m）などの構造が見つかります. これは表 4.3 に示す存在データがあるとみなせます. このデータを用いて他の物質が存在するかの予測（推薦）を行います.

表 4.3 In と P からなる二元物質を構成元素，比率と空間群名で表す．

formula	element1	element2	ratio1	ratio2	spacegroup
InP	In	P	1	1	F-43m
InP3	In	P	1	3	R-3m
InP	In	P	1	1	fm-3m

このデータが意味することを考えてみます．まず，存在しない物質は「存在を示す」データベースに載っていません．二元物質は少なくとも常圧では 21 世紀ではほぼ網羅的に存在するか否かが実験的・理論的に探索尽くされているでしょうからデータベースに載っていない物質は存在しないと仮定して問題ないでしょう．しかし，物質組み合わせは膨大な可能性があるため，一般にはデータベースに存在しない化学式と空間群名の組み合わせは合成したことが無いのか，合成してみたが作成できなかったのかの区別は付きません．更に，存在する・しないの区別がついたとしても空間群変数をどう説明変数として表現するのは難しい問題です．この問題に対して協調フィルタリングを用いることができます．

ここでは，{Al, Si, P, Ga, Ge, As, In, Sn, Sb}から成る二元物質を Crystallography Open Database[46] から得たデータを用います．次元圧縮手法として特異値分解 (SVD) と非負値行列因子分解因子分解 (NMF) を用いて行うために更に二次元行列に変換します．ここでは行を "element1^element2"，列を "ratio1^ratio2^spacegroup" という表記を用いて (element1, ratio1), (element2, ratio2), spacegroup で指定される物質がデータベースに存在したら=1，無

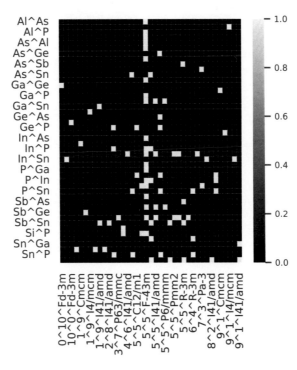

図 4.51 二元物質の存在を示すヒートマップ

145

い場合は=0 とします[24]．この表をすでに{ROOT}/data/group131415_div1.csv に用意してい
ます．これを図 4.51 で可視化しています．このデータを低ランク近似して物質推薦を行ってく
ださい．

解答 スクリプト 160.120.answer.collaborative_filtering.ipynb がこれを行います．低ランク
近似の次元 (定数 NRANK) としきい値 (THRESHOLD) を

```
NRANK = 10
THRESHOLD = 0.35
```

として 10 次元に低ランク近似行列に変換し（図 4.52 左)，元行列との差をとった行列を図 4.52
右に示します．

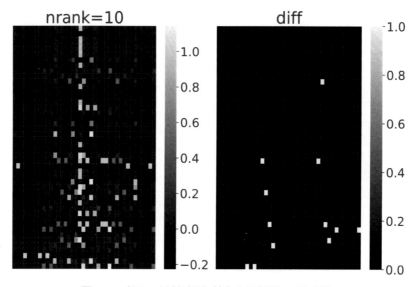

図 4.52　低ランク近似行列（左）と元行列との差（右）

　しきい値 (THRESHOLD) 以上の差を持ち元データベースに存在しない物質リストは表 4.4
になります．

表 4.4　推薦された二元物質と元行列と低ランク近似行列との差

name1	name2	recom-ref
Sn^As	4^6^R-3m	0.512
Sb^In	4^6^I41/amd	0.500
In^Sb	3^7^P63/mmc	0.499
Si^P	7^3^Pa-3	0.495
Sn^Sb	1^9^I41/amd	0.479
Sn^Sb	2^8^I41/amd	0.422

24　二次元に変換するとしても変換の仕方はこれだけではありません．

COD より収録件数が多い AtomWork データベース [17] でこれらと似た物質を調べると以下の物質が存在しました.

- SnAs: Sn3.6As3 (R-3m)
- InSb: In0.4Sb0.6 (R-3m, Pm-3m), In0.5Sb0.5 (I41/amd), In0.7Sb0.3 (P6/mmm)
- PSi: Si の方が多い比率には存在無し.

これを推薦物質と比較すると,

- Sn3.6As3 (R-3m) は近い比率 4:6 の物質
- In0.5Sb0.5 (I41/amd) は近い比率 5:5 の物質

が存在しました.

　推薦に成功した条件を近い組成に広げていますが, 六推薦物質中二つに近い物質が見つかりました. COD は収録件数が比較的少ない, かつ AtomWork 収録の二元合金はほぼ探索され尽くした結果である, という理由で規則を見つけやすい好条件のデータだったという理由もありますが, かなりうまく推薦できたと言えるでしょう.

## 第5章

応用編2
（非等長説明変数）

5.1　はじめに

　前節までは全てのデータインスタンスで説明変数の数が等しいデータでした．しかし，現実には膨大な文献があっても，説明変数の数を合わせたデータはごく僅かであり，説明変数の数を合わせるには，例えば，再度実験を一から行う必要があるでしょう．結晶の場合は説明変数の数を合わせる変換を見つけ，実行することができましたが，必ずしもそのような変換を見つけられるわけではないでしょう．本章では説明変数の数がデータインスタンスごとに等しくない場合の二つのデータ解析手法を紹介します．紹介する一つ目の手法は頻出パターンマイニングと呼ばれ，データインスタンスごとに説明変数の数が異なるデータの頻出集合とそれらの相関を得る手法です．二つ目の手法は証拠理論と呼ばれ，データインスタンスの欠損値を「不明」として数学的な枠組みに入れて解析する手法です．

5.2　頻出パターンマイニング

　本節で説明するスクリプトは{ROOT}/500.itemset_mining/に保存されており，同ディレクトリから実行することを想定しています．

5.2.1　解説

　頻出パターンマイニングはアイテムセットマイニングなどとも呼ばれます [49, 50]．データベースから検索条件として用いることができる高頻度なパターンを発見する手法です．

　超電導転移温度 (Tc) を例に取り具体的に説明します [51]．最初に超電導が発見された Hg の Tc は 4.2K，鉛の Tc は 7.19K です．Tc は時代とともに高くなり 1990 年代には 30K を超える Tc を持つ銅酸化物超電導体 LaBaCuO, LaSrCuO, YBaCuO 等が見つかりました．21 世紀に入ると更に高圧でほ 287K の Tc を持つ CSH 系が見つかりました．

　このデータから超伝導転移に関して推論するのは難しいですが物質の組成と Tc の相関を議論します．上の説明文だけから Tc を 30K より上か，そして Tc が 200K より上かで物質を分けると表 5.1 になります[1]．

表 5.1　超電導体と Tc

Tc	物質	圧力
Tc<30	Hg	
Tc<30	Pb	
Tc>30	LaBaCuO	
Tc>30	LaSrCuO	
Tc>30	YBaCuO	
Tc>200	CSH	高圧

1　温度を示す K を省略しました．

物質の組成が分からないので，残念ながら，構成元素の特徴量に平均値，標準偏差などの操作を行い物質の説明変数とすることは適切ではないでしょう．この表を単に物質の構成元素とTcの条件式の要素（アイテム）に直し，それぞれの物質に対応するトランザクション (T_i) を表5.2に示します．条件 Tc>200 が満たされると Tc>30 も満たされるので物質 CSH のトランザクションに Tc>30 を加えています．

この表に従うと各物質（トランザクション）で異なる数の特徴量を持ちます．用いられるアイテム群も各物質に対してスパースな表現になっています．この場合によく用いられるのが頻出パターンマイニングと呼ばれる手法で，頻出集合や相関ルールと呼ばれる規則を求めます．

表 5.2　超伝導体と Tc のトランザクション

トランザクション	アイテム
T_1	Tc<30 Hg
T_2	Tc<30 Pb
T_3	Tc>30 La Ba Cu O
T_4	Tc>30 La Sr Cu O
T_5	Tc>30 Y Ba Cu O
T_6	Tc>30 Tc>200 C S H 高圧

例えば，このデータベースの最頻出集合は，{Tc>30}で4件あり，Tc の条件式のみからなる集合を除くと{Tc>30, Cu, O}で3件あります[2]．更に，相関ルールでは

$$X \Rightarrow Y$$

となり，同じアイテムを含まないXとYを探します．Xを前提部 (antecedent)，Yを結論部 (consequent) と呼びます．このトランザクションではCuとOからなる物質は100%の頻度でTc>30となりますから，例えば，{Cu O} ⇒ Tc>30 という相関ルールが与えられます．

[1]　評価指標
よく用いられる評価指標には以下があります．

- support(X) = 条件 X を満たすトランザクション数/ 全トランザクション数

X= {Cu O}の場合，support(X) = 3/6 = 0.6 です．

- confidence(X,Y) = 条件 X と Y を共に満たすトランザクション数/条件 X を満たすトランザクション数

X= {Cu O}，Y=Tc>30 の場合，confidence(X,Y) = 3/3 = 1 です．上の例では support, confidence ともに割合としましたが件数とする場合もあります．

2　それらの部分集合 Cu, O, Cu, O も 3 件あります．

[2]　頻出パターンマイニングの別の利点

頻出パターンマイニングの利点は

1. とても高速に頻度，規則を見つけることが可能なためデータが大量にある場合に有効です．
2. 全てのデータが従う規則だけでなく，一部のデータが従う規則も見つけられます．
3. トランザクションごとにアイテムの数が異なっていても条件を見つけられるます．

多くのデータ解析学アルゴリズムを用いるには**等長**の説明変数に加工せねばなりません．非等長の生の説明変数を機械学習古典ポテンシャルのように等長の説明変数に加工できる可能性はありますが，現実には生の説明変数は等長の場合の方が少なく，更に，等長な説明変数を用いるデータ解析学アルゴリズムを用いた妥当な解析を行うためにどう等長に加工するのが良いのか分からない場合の方が多いでしょう．また，頻出パターンマイニングではダミー変数とするような論理値やカテゴリ変数も簡単にアイテムとして使用し解析することが可能です[3]．一方で，定量的な特徴量はデジタイズ[4]するなどしてアイテムに変換して用いる必要があります．

5.2.2　追加 Python パッケージ

本節のスクリプトでは追加 Python パッケージ，mlxtend を用います．Conda を用いる場合は以下のようにしてインストールできます[5]．

```
conda install -c conda-forge mlxtend
```

ここで使用する mlxtend の頻出マイニングライブラリは基礎的な機能しかありません．上の例では{Cu, O, Tc>30}とその部分集合{Cu, O}, {Cu}, {O}を別々に出力します．より高機能なソフトに例えば，LCM[52]があり，オプションを指定することで{Cu, O, Tc>30}のみを出力することが可能です．

5.2.3　スクリプトの説明

本スクリプトは 500.050.text.explanation.ipynb に保存されています．

```python
import pandas as pd # モジュール import
import numpy as np
import json
import matplotlib.pyplot as plt
%matplotlib inline
```

3　例えば，Cu に対して遷移金属，金属等の特徴をアイテムにできます．

4　ヒストグラムを表示する場合のように数値をある値の範囲を示す条件式に直すこと．

5　https://anaconda.org/conda-forge/mlxtend

[1] データ収集

本節で使用するデータは pymatgen からデータを取得します. **そのために, 最初に 500.045.atomicprop_makedata.ipynb を実行してデータファイルを生成してください.** 作成されたファイル data/atom_transaction.json[6] には元素の特徴量の値を三つに分け, 各値の大と小を不等号で表したアイテムとしたトランザクションを入れています. 後述する通り各データインスタンスの要素が揃っているわけではないので, csv でなく Python の辞書型と等価な json と呼ばれるファイル形式を用いています. アイテムは 'liquid_range<708.00' は liquid_range が小, 'X>2.00' は電気陰性度 (X) が大という意味です.

```
with open("data/atom_transaction.json", "r") as f:
    transaction = json.load(f) # ファイル読み込み. transaction は辞書型
```

例えば, 水素 (H) に対応するトランザクションには表 5.3 に示すアイテムが含まれます. 各トランザクションのアイテムの数は H は 8 アイテム, He は 7, Li は 13, Be は 11, B は 12 と元素ごとに異なります.

表 5.3 水素 (H) に対応するトランザクション

> liquid_range<708.00
> molar_volume<12.29
> critical_temperature<209.40
> boiling_point<1757.00
> melting_point<903.78
> velocity_of_sound<2310.00
> log10_thermal_conductivity<1.11
> X>2.00

[2] データからの学習

頻出データマイニング 頻出データマイニングを行うために mlxtend のデータ形式に変換します.

```
from mlxtend.preprocessing import TransactionEncoder
transaction_values = [v for v in transaction.values()] # 各物質の要素のみ
te = TransactionEncoder() # mlxtend の形式に合わせるために以下の一連の変換が必要
te.fit(transaction_values)
te_ary = te.transform(transaction_values)
df_transaction = pd.DataFrame(te_ary, columns=te.columns_)
```

以下ではこの df_transaction を用います. 次のセルの出力を表 5.4 に示します. mlxtend では頻出データマイニングのためのアルゴリズムとして apriori, association_rules, fpgrowth が用意されています. ここでは fpgrowth を用いています. support 最小値が 0.1[7] の頻出パターンマ

6 　{ROOT}/data/ でなく, {ROOT}/500.itemset_mining/data/ です.

7 　データインスタンスの個数が 102 ですので, アイテム数が 10 以上です.

イニングを行います.

```
from mlxtend.frequent_patterns import fpgrowth
df_freq_items = fpgrowth(df_transaction, min_support=0.1,
                    use_colnames=True) # 頻出データマイニング
df_freq_items.head(10) # 上位 10 位まで表示
```

表 5.4　頻出データマイニング結果

	support	itemsets
0	0.323529	(melting_point<903.78)
1	0.313725	(molar_volume<12.29)
2	0.303922	(X>2.00)
3	0.303922	(boiling_point<1757.00)
4	0.303922	(liquid_range<708.00)
5	0.303922	(log10_thermal_conductivity<1.11)
6	0.235294	(velocity_of_sound<2310.00)
7	0.313725	(molar_volume>19.10)
8	0.323529	(log10_thermal_conductivity>1.73)
9	0.274510	(X<1.30)

相関ルールマイニング　以下では confidence が 0.8 以上となる規則を探します. 途中で前提部の数を 1 と制限を加え，最後に support の降順で表示します[8]. このセルの出力を表 5.5 に示します.

```
from mlxtend.frequent_patterns import association_rules
df_rules = association_rules(  # 相関ルールマイニング
    df_freq_items, metric="confidence", min_threshold=0.8)
df_rules["antecedent_len"] = df_rules["antecedents"].apply(
    lambda x: len(x)) # 前提部の数をデータフレームに加える
df = df_rules[df_rules["antecedent_len"] == 1] # 前提部アイテム数＝1のみ
# support が多い順に並び直す.
df = df.sort_values(
    by="support", ascending=False).reset_index(drop=True)
df[["antecedents", "consequents", "antecedent support",
```

8　mlxtend の相関ルールの support は前提部かつ帰結部を満たすトランザクションサイズに対する全トランザクションサイズ比，antecedent support は前提部を満たす全トランザクションサイズに対する全トランザクションサイズ比，consequents support は帰結部を満たす全トランザクションサイズに対する全トランザクションサイズ比です.

```
"confidence"]].head(10) # 部分的に表示
```

表 5.5　相関ルールマイニング結果

	antecedents	consequents	antecedent support	confidence
0	(melting_point<903.78)	(boiling_point<1757.00)	0.323529	0.818182
1	(liquid_range<708.00)	(boiling_point<1757.00)	0.303922	0.870968
2	(boiling_point<1757.00)	(liquid_range<708.00)	0.303922	0.870968
3	(boiling_point<1757.00)	(melting_point<903.78)	0.303922	0.870968
4	(log10_electrical_resistivity<-6.90)	(log10_thermal_conductivity>1.73)	0.264706	0.925926
5	(bulk_modulus>100.00)	(molar_volume<12.29)	0.215686	0.954545
6	(youngs_modulus>105.00)	(molar_volume<12.29)	0.196078	0.950000
7	(bulk_modulus>100.00)	(youngs_modulus>105.00)	0.215686	0.818182
8	(bulk_modulus>100.00)	(youngs_modulus>105.00, molar_volume<12.29)	0.215686	0.818182
9	(youngs_modulus>105.00)	(bulk_modulus>100.00)	0.196078	0.900000

[3]　結果解釈

ここで現れる規則をデータフレームの表示に合わせて 0 番目からインデックスをつけ，言葉で表すと以下になります．

0. 融点が小さいと沸点が小さい．
1. 0 の逆
2. 液体領域が小さいと沸点が小さい．
3. 2 の逆
4. 電気抵抗率が小さいと熱伝導度が大きい．

規則 0-3 は理解できる規則でしょう．規則 4 は電気抵抗率が小さい（おそらく金属元素）は熱伝導率が大きいということです．電気抵抗率は電子状態由来，熱伝導は格子振動由来なので原理が異なるはずですがこの規則をもっとよく見てみます．

data/atomicprop.csv は各元素の特徴量の物性値が入っています．これを用いて log10_electrical_resistivity<-6.9 と log10_thermal_conductivity の関係を示すためのスクリプトを以下に示します．データに部分的に NaN 値が入っているので dropna メンバ関数を含めた複雑なコードになっています．

```
# data 取得
df_atom_prop = pd.read_csv("data/atomicprop.csv",
                           index_col=[0]).reset_index()
xlabel = "log10_electrical_resistivity"
ylabel = "log10_thermal_conductivity"
# NaN でないデータのみ取り出す
```

```
df_atom_prop = df_atom_prop[[xlabel,ylabel,"index"]].dropna()
df_atom_prop.reset_index(drop=True) # アクセスのために index を取り直す
# show elements under the condition.
condition = "log10_electrical_resistivity<-6.9"
df_select = df_atom_prop.query(condition) # 条件を満たすデータのみ
print(df_select["index"].values)
iselect = df_select.index.values # condition を満たすインデックス
# set x and y
x = df_atom_prop[xlabel].values   # 図示する横軸値
y = df_atom_prop[ylabel].values # 図示する縦軸値
from itemsetmining_misc import plot_atomicprop
plot_atomicprop(df_atom_prop, df_select, xlabel, ylabel) # 可視化
```

上のセルの出力として print 部分で log10_electrical_resistivity<-6.9 となる元素名を表示します．これらは

['Li' 'Be' 'Na' 'Mg' 'Al' 'P' 'K' 'Ca' 'Fe' 'Co' 'Ni' 'Cu' 'Zn' 'Se' 'Mo' 'Ru' 'Rh' 'Pd' 'Ag'
'Cd' 'In' 'Sn' 'W' 'Os' 'Ir' 'Pt' 'Au']

で P, Se を除くと金属元素です．では，この規則は，金属は一般常識をからすると電気抵抗率が小さい，そして金属は一般常識をからすると熱が伝わりやすい（熱伝導率が大きい）という規則なのでしょうか[9]．次に詳細を見ていきます．上のセルの出力図を図 5.1 に示します．

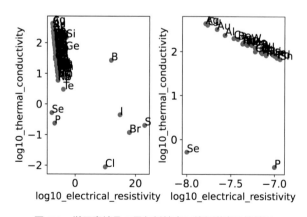

図 5.1　単元素結晶の電気抵抗率と熱伝導率の比較図

左図が全元素[10]，右図が log10_electrical_resistivity<-6.9 となる元素のみを表しています．

9　金属が持つ印象と合わせて納得するだけで，原理が異なることは解決していません．

10　値が NaN で無い物質のみです．

この図の範囲で log10_thermal_conductivity が大きい値かつ線上に現れる一連の元素は金属元素です．このデータの範囲内で log スケールの電気伝導度と log スケールの熱伝導率は多くの元素でほぼ比例関係の高い相関があることが更に分かります．またこの図から電気抵抗率が大きい領域や熱伝導率が小さい領域の間ではルールマイニングで規則が見つからなかった理由も理解できます．演習問題にはしませんが，data/atom_transaction.json に is_metal などの論理値を持つ特徴量を加えた data/atom_transaction_additional.json も用意してありますのでそちらでも同スクリプトを試して見てください．

5.2.4　演習問題

問題1

テキストの問題で出てきた相関ルールを前提部から結論部へ矢印で繋げて可視化してください．

解答　500.110.answer.atomicprop-search.ipynb がこれを行います．data/atom_transaction.json を読み込み support>0.1 で頻出パターンマイニングを行い，そのうち次に confidence>0.8 で得られた相関ルールの上位 15 件のうち前提部，結論部のサイズが 1 のものを図 5.2 に示します．前提部 → 結論部と矢印を用いて表示しています．スクリプトでは networkx を用いて可視化されますが，うまく制御ができないので図 5.2 では Cytoscape を用いて別途可視化しています [53]．

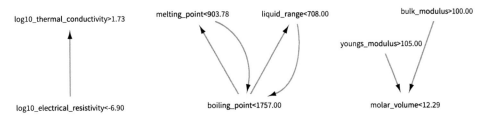

図 5.2　15 件までのアイテム間の規則の図示

三つのグループが見えます．左グループの電気抵抗率が小さいと熱伝導度が大きいという規則はすでに紹介しました．中央グループは熱伝導が小さいと

1. 液相温度領域が小さいことと沸点が小さい．
2. 液相温度領域が小さいことと融点が小さい．

の相互の規則です．右グループは

4. **体積弾性率**（bulk_modulus）が大きいと 1 モルあたり体積 (molar_volume) が小さい．
5. **ヤング率**（Yangs_modulus）が大きいと 1 モルあたり体積 (molar_volume) が小さい．

という圧力に対して体積や歪変化が小さい元素ほど体積が小さいという規則です．

　次に，上で得られた相関ルールのうち前提部，結論部のアイテムの数が 2 以下の 856 の規則を
全て図 5.3 に示します[11]．誤解させるような書き方ですが，アイテムの数が 2 以上の場合にもア
イテムごとに独立に矢印で繋ぎます．上と下の独立した二つの繋がりができました．それぞれの
特徴を見ていきます．上側が硬くモル体積が大きく密度が小さく融点沸点が高い元素の規則で，
輸送特性として電気抵抗率が小さく，熱伝導率が大きい物質です．これらは主として周期律表グ
ループ中央にあるいわゆる金属元素の規則なのでしょう．
　一方，下側は柔らかくモル体積が小さく密度が大きく融点沸点が低い元素の規則で，輸送特性
としては熱伝導率が小さな物質です．電気陰性度 (図では X) は大小どちらも下側に現れます．
電気陰性度は，大まかには周期律表グループが大きくなるほど増加する特徴量ですので周期律表
の左側と右側両方にまたがった規則を示していると思われます．これらは主として周期律表グ

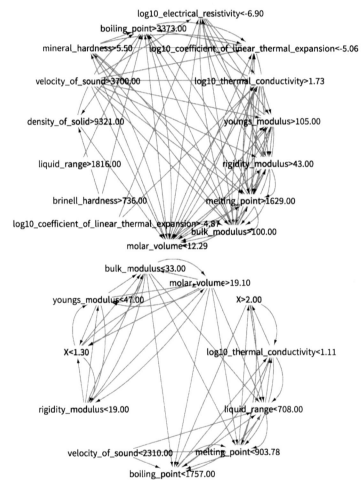

図 5.3　support>0.1, confidence>0.8 のアイテム間の規則の図示．前提部，結論部のアイテムの数
　　　　が 2 以下に限る．

11　Cytoscape を用いて可視化し直しています．

ループ左右にある元素の規則なのでしょう[12].

　この手法は欠損が多くあるデータで欠損を補完したくない場合に対しても実行可能です．膨大な相関ルールが得られますので表示法を工夫する必要がありますが説明変数が非等長なデータから物性値間の関係を簡単に求めることができます

問題 2

　data/hea4_phys.csv 目的変数を R，説明変数変数を group_mean, group_std, row_mean, row_std として，テストデータを 20% でランダムフォレスト回帰で $R^2_{test} = 0.76$ の回帰性能を持つ予測モデルが得られます（図 5.4 参照）.

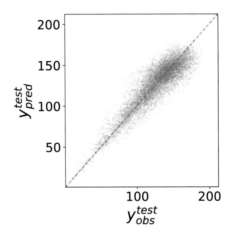

図 5.4　残留電気抵抗率と周期律表のグループと行を説明変数とした予測値

　同データで M_id, TC_id, R_id, group_mean_id, group_std_id, row_mean_id, row_std_id, n_group3, n_group4, n_group5, n_group6, n_group7, n_group8, n_group9, n_group10, n_group11, n_group12, n_group13, n_group14, n_group15 の具体的な値をアイテムとしてトランザクションを作成し，結論部を R_id として相関ルールマイニングを行ってください．なお，group_mean_id, group_std_id, row_mean_id, row_std_id は group_mean, group_std, row_mean, row_std を 10 分割（digitize）した値です.

解答　スクリプト 00.120.hea4_R_itemset_mining.ipynb がこの施行例です．R_id の値ごとに相関ルールマイニングを行い，結果をまとめて Cytoscape[53] で並び替えて前提部と結論部との関係を矢印で表し図 5.5 に示しています．前提部と結論部のアイテムの数が 1 のものだけを示しています．row_mean_id==6, row_std_id==6 が全ての R_id の前提部に現れます[13]．これは頻度によると思われ，また row の平均値と標準偏差に依存しないことを示します．R_id の変化に対して異なるアイテムを見ていきます．R_id==1 から R_id==7 までは

12　詳細は周期律表グループの左右，中央にあるというアイテムを加えより詳しく考察する必要があります.

13　row_mean, row_std などの値も 10 分割して id になっています．mean や std の値そのものではありません.

group_std_id==2 から group_std_id==6 に値が増加します．一方，R_id が大きい場合は別の依存性が存在します．R_id==6 から 10 の前提部で group_mean_id が 7 から 4 へと減少します．R_id が特異 8 から 10 の場合は group_std==7 で共通ですが，group_mean_id が減少します．つまり，大まかには R_id の増加は group_std_id の増加によると考えられますが，R_id が最も大きい場合は group_mean の依存性も現れるように見ます．　このような特徴が分かると，もし既存の説明変数にこの特徴が現れていなければその特徴を表現する特徴量を考案し回帰モデル性能を向上させるヒントにもなります．

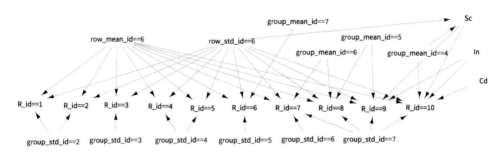

図 5.5　10 分割した残留電気抵抗率に対する規則

また，Cd, In, Sc が前提部に含まれると帰結部が R_id==9 または 10 であるという相関ルールが現れました．では，構成元素によって R_id の分布に違いがあるのかを図 5.6 に可視化します[14]．Sc を含む物質には R_id が大きい傾向があることが分かります．Cd, In も同様の図が得られます．

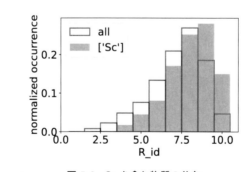

図 5.6　Sc を含む物質の分布

構成元素により分布に偏りがあることが分かりましたので，二元素に対して同様な解析を行ってみましょう．ある二元素を含む物質の分布の違いを評価します（図 5.7 参照）．例えば，In, Sc 両者を含む場合は R_id が大きくなり，Ge, Si 両者を含む場合は R_id が小さくなることが分か

14　分布の差を図る尺度として KL divergence や，サンプルデータではありませんが形式的に t 検定を用いることができます．

ります．つまり，特定の元素組み合わせで分布の偏りが生まれています．

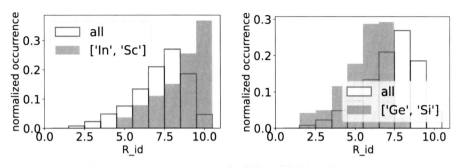

図 5.7 In と Sc，Ge と Si を含む物資の残留電気抵抗率の分布

　構成元素は物質を表す生データには現れます．物質を表す多くの説明変数は，個々の元素名を元素物性量に変換し元の元素名自体は捨てることで加工済み説明変数を生成します．ですから，回帰モデルには個々の元素名が現れる余地はありません．また，自分でデータ解析を行う際にペロフスカイト構造という構造名などは物質の特徴には違いないがどう説明変数に変換するのか分からないという理由で捨てる特徴量もあるでしょう．また，回帰や分類はデータの統計的性質を抽出するので図 5.5 に現れたような最も大きな R_id だけに現れる特徴を得ることは難しいでしょう．目的変数変数があるからと必ずしも教師あり学習の枠組みで解析する必要はありません．頻出パターンマイニングでは説明変数加工時に捨てた特徴量を含めることが可能で，それらを含めた関係性を見出すことができます．

5.3　証拠理論

　本節で説明するスクリプトは{ROOT}/510.ERS/に保存されており，同ディレクトリから実行することを想定しています．

5.3.1　解説

[1]　データと証拠
　データ科学とは，一般に「溢れているデータから価値を抽出する学問」あるいは「データから有用な行動につながる知識を抽出する学問」と定義されています．この二つの定義から，データ科学に基づく物質科学研究は「物質科学のデータセットから物質科学の理解を深めるための適切な分析手法を開発し，その分析手法を活用して物質研究・開発における有益なアクションにつながる知識を抽出する学問」と理解することができます．推論と検証の試行錯誤を繰り返しながら長年発展してきた物質研究開発にとって，どの実験をどのように行うかを決定することは，最終的に最も重要な実用知識と考えられます．この観点から，既存の物質科学のデータすべては，「実験を想定し，想定した実験を行うべきか否かを判断するための証拠である」といっても過言ではありません．ある判断（命題）がどの程度妥当であるかを表すために，確率の概念がよく

使われます．しかし，確率で表現することは必ずしも適切ではなく，不自然になることがあります．

　まず，本節の問題設定を説明します．原子位置に関する長距離秩序はあるが元素はランダムに配列している固溶体と呼ばれる物質があります．このうち元素比が等しい組み合わせでも固溶体が存在する元素組み合わせ・存在しない元素組み合わせがあります．この例を表 5.6 に示します．このデータの特徴は各物質で用いる元素数が 2, 3, 4 と異なることです．各物質でアイテム数が異なるという意味では 5.2 節の頻出マイニングの問題設定と似ています．4.7 節の推薦システムの例も似た問題設定でしたが，使用元素数は固定されていましたし，各物質は存在有の情報のみを用いて，不明な場合を存在無しと同じ値としており，この点を疑問に思った人も多いはずです．しかし，その物質で固溶体が存在するかは不明である（証拠の不足[15]）というのもまた推論にとって重要なはずです．証拠理論を用いると，不明であるというデータを理論の中に明示的に取り入れて推論することが可能です．

表 5.6　本節で用いるデータでの等比元素固溶体の存在有無例

物質	存在有無
Cr, Fe	有
Cr, Nb	無
Cr, Mo, Tc	有
Cr, Ni, Pd	無
Co, Cr, Ni, Pd	有
Ag, Cr, Ni, Pd	無

　具体例を考えます．表 5.6 のデータが存在したとします．ここからどんな推論ができるでしょうか．このデータは多くの元素 Cr の例を含むため，元素 Cr を含む物質は多くの有・無を含む元素組み合わせデータを用いて，ある元素組み合わせの固溶体有無の妥当性を適切に推論できそうです．一方，元素 Tc に関しては三元合金 CrMoTc に有の一つしかデータがありません．Tc に関しては一つだけある物質が有なので構成元素の Cr, Mo を含む他の多くの合金に対しても有が妥当という推論をするかもしれません．しかし，その推論はデータ数の数から Cr を含むある物質に対する有・もしくは無が妥当という推論の妥当性と決して等価ではありません．Tc は証拠が一つだけ（証拠不足）ということがむしろ重要で，有が妥当であると推論することはむしろ不自然です．

　確率論に基づく議論でも上記のような不自然さを回避することは可能ですが，証拠理論を用いると（確率論の拡張版として）上で述べた例と同様なケースをより自然な形で，限られたデータから「証拠の不足」と固溶体有・無の推論の妥当性を区別することが可能です．本節では，固溶体組成推薦システムの事例を用いて，マテリアルズインフォマティクスに対して証拠理論を導入します．

15　もしくは情報の不足

証拠理論の用語　証拠理論はある証拠から結論の命題がどの程度成り立つかを明示的に表現し，定量的な推論を展開するための理論です．この用語を図 5.8 にまとめます[16]．

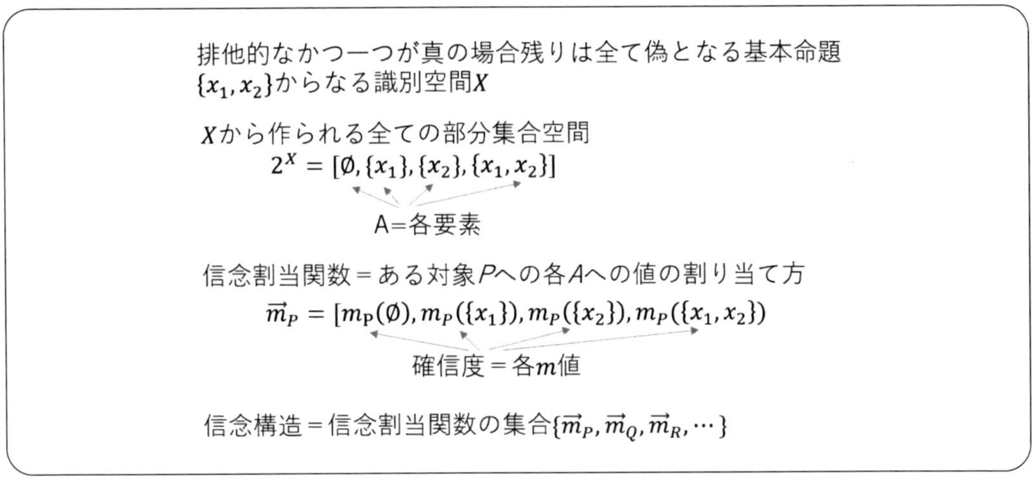

排他的なかつ一つが真の場合残りは全て偽となる基本命題
$\{x_1, x_2\}$ からなる識別空間 X

X から作られる全ての部分集合空間
$$2^X = [\emptyset, \{x_1\}, \{x_2\}, \{x_1, x_2\}]$$

A＝各要素

信念割当関数＝ある対象 P への各 A への値の割り当て方
$$\vec{m}_P = [m_P(\emptyset), m_P(\{x_1\}), m_P(\{x_2\}), m_P(\{x_1, x_2\})$$

確信度＝各 m 値

信念構造＝信念割当関数の集合 $\{\vec{m}_P, \vec{m}_Q, \vec{m}_R, \cdots\}$

図 5.8　証拠理論の用語

ここで公理として

- $m(A) \geq 0, \forall A \in 2^X$
- $m(\emptyset) = 0$
- $\sum_{A \in 2^X} m(A) = 1$

を用います.

　例えば，ある元素の組み合わせが固溶体相（HEA）を持つか持たないか（¬HEA）を議論します．これらは排他的で片方が真な場合は残りは偽となるので，図 5.8 の基本命題 x_1, x_2 として扱うことができます．ここで A の意味は $\{\emptyset\}$：「固溶体相を持つ」でもないし「固溶体相を持たない」でもない，$\{HEA\}$：「固溶体相を持つ，$\{\neg HEA\}$：「固溶体相を持たない.」，$\{HEA, \neg HEA\}$：「固溶体相を持つ」か「固溶体相持たないか」はまだわからない，となります．同様にある元素とある元素が似ている (similar)・似ていない (¬similar) もまた図 5.8 の基本命題 x_1, x_2 として扱うことができます．

　ここで，いわゆる確率論との違いを明確にしておきます．ある物質 P の HEA の確率 $P_P(HEA)$ に対して，その否定 ¬HEA の確率は $P_P(\neg HEA) = 1 - P_P(HEA)$ となります．一方，HEA を否定する確信度は $m_P(\{\neg HEA\}) + m_P(\{HEA, \neg HEA\}$ です．つまり，第二項の「証拠不足」を意味する命題の確信度を含みます．

多数の証拠から信念の結合　証拠理論を基にしたデータから結論を導くには，データから抽出された複数の独立な証拠から得られる信念構造を結合します．このプロセスは「情報統合」とも呼

16　基本命題は三つ以上でも成り立ちます.

びます．二つの証拠から得られた信念割当関数 $\{m_1(A) : A \in 2^X\}$ と $\{m_2(B) : B \in 2^X\}$ を結合して，統合された信念割当関数 m を得ることを $m = m_1 \oplus m_2$ と書きます．信念割当関数の結合は命題の論理積および評価と信念割当への変換といった二つのステップからなります．命題の論理積および評価のステップでは二つの証拠がそれぞれ支持する命題の論理積に確信度を割り当てます．信念割当への変換のステップでは二つの証拠の間にどれほどの矛盾があるかを定量的に評価し，その度合を使って，命題の論理積に割り当てられた確信度から信念割当関数へ変換します．

Dempster の規則はこれを行う有名な換手法です．$[\emptyset, \{x_1\}, \{x_2\}, \{x_1, x_2\}]$ 要素のベクトル持つ二つの変数 m_1, m_2 の間の集合積をとる場合を考えます．表 5.7 で縦軸が $\vec{m}_1$，横軸が $\vec{m}_2$ を示します．

表 5.7　$[\emptyset, \{x_1\}, \{x_2\}, \{x_1, x_2\}]$ 要素のベクトル持つ二つの変数の間の集合積

	$\emptyset$	$\{x_1\}$	$\{x_2\}$	$\{x_1, x_2\}$
$\emptyset$ |	$\emptyset$	$\emptyset$	$\emptyset$	$\emptyset$
$\{x_1\}$	$\emptyset$	$\{x_1\}$	$\emptyset$	$\{x_1\}$
$\{x_2\}$	$\emptyset$	$\emptyset$	$\{x_2\}$	$\{x_2\}$
$\{x_1, x_2\}$	$\emptyset$	$\{x_1\}$	$\{x_2\}$	$\{x_1, x_2\}$

行列のセル (i, j) が値 $m_1(i) \times m_2(j)$ を持ち，(i,j) 要素の寄与は上の行列で示された集合要素への寄与となります．$m_1 \oplus m_2$ も $[\emptyset, \{x_1\}, \{x_2\}, \{x_1, x_2\}]$ 要素のベクトルを持ちます．$\emptyset$ となるのは $K = m_1(\{x_1\}) \times m_2(\{x_2\}) + m_1(\{x_2\}) \times m_2(\{x_1\})$ 分です．しかし，公理から $\sum_A (m_1 \oplus m_2)(A) = 1$ かつ $(m_1 \oplus m_2)(\emptyset) = 0$ とせねばなりません．Dempster の規則では $\emptyset$ 集合要素になった（＝矛盾した）要素分は単純に捨てて規格化し直します．この規格化の寄与を分母 $(1 - K)$ に含み，各要素を具体的に書くと以下の式になります．

$(m_1 \oplus m_2)(\emptyset) = 0, \text{（定義）}$

$(m_1 \oplus m_2)(\{x_1\}) = \frac{m_1(\{x_1\}) \times m_2(\{x_1\}) + m_1(\{s\}) \times m_2(\{x_1 x_2\}) + m_1(\{x_1 x_2\}) \times m_2(\{x_1\})}{1 - K},$

$(m_1 \oplus m_2)(\{x_2\}) = \frac{m_1(\{x_2\}) \times m_2(\{x_2\}) + m_1(\{x_2\}) \times m_2(\{x_1 x_2\}) + m_1(\{x_1 x_2\}) \times m_2(\{x_2\})}{1 - K},$

$(m_1 \oplus m_2)(\{x_1, x_2\}) = \frac{m_1(\{x_1, x_2\}) \times m_2(\{x_1, x_2\})}{1 - K}$

このように Dempster の規則は，二つの証拠 m_1, m_2 がたとえ矛盾する内容[17]を含んでいても，正規化することにより矛盾がなかったかのように信念を比例配分します．また，Dempster の規則による結合は交換律を満たしますので，複数の証拠からの信念構造の結合は結合操作の順番に依存しません．限られたデータから学習する場合，データが常に更新される状況が一般的であるため，結合が交換法則を満たすという性質は非常に重要です．より詳しく理解されたい方は文献をご覧ください [54, 55, 56]．

17　同節 [1] の $\emptyset$ を指します．

[2] 「固溶体相の形成における元素の類似性」に対する証拠と固溶体相の推薦

前節では証拠理論の基礎を概説しました．本節では固溶体データから，固溶体相の形成における元素の類似性に対する証拠を抽出する方法を説明します．データは客観的なものですが，「証拠」は何かの結論を導くための根拠であり，その導く過程で行われる推論は命題や問題に依存するため，データを証拠に変換するには，解決すべき問題についての知識が必要とされます．

証拠理論では不明データに対しても確信度が割り当てられるので一般的な説明変数に欠けがあるデータに適用が可能ですが，物質を構成する元素は順序依存性が無いことを更に考慮せなばなりません．そのため，元素組み合わせに対する類似度を考えることで非等長な説明変数数を持つデータを解析します．ある固溶体相を形成する元素の組み合わせに対して部分的に元素を置換することで，新たな固溶体が探索するためにデータから証拠を抽出するという考え方を採用します．第一段階として元素組み合わせを部分的に置換して得られる物質の性質が同じか・異なるかにより置換された元素間が類似しているかどうかを証拠とします．データから全ての元素あるいは元素の組み合わせ間の類似性を定量的にまとめられれば，第二段階では，既存の固溶体相を持つ固溶体からどのように元素置換をすれば新たな固溶体相を得られるかを推論します．詳細は原著論文 [57] や本文と演習問題のスクリプトをご覧をご参照ください．

データから元素の類似性に対する証拠の抽出 　上で述べたようにある固溶体相が存在する・しない元素の組み合わせに元素を置換することで，新たな固溶体相が形成されるかどうかに関してデータから証拠を抽出します．例えば，データに含まれている二つの物質 A_i と物質 A_j の共通でない組成 C_t と C_v に着目し，物質 A_i の C_t の組成を C_v の組成に置き換えると物質 A_j が得られると考えます[18]．

物質 A_i と物質 A_j のペアの性質が同じ，というのをどちらも固溶体が存在する．もしくはどちらも存在しない場合とします．物質 A_i と物質 A_j のペアの性質が異なる，というのをどちらかが固溶体が存在し，どちらかが固溶体が存在しない場合とします．物質 A_i と物質 A_j のペアの性質が同じ場合に C_t と C_v の元素組み合わせの類似性に対する証拠の信念割当関数は下記のように定義できます[19]．

$$\vec{m}_{A_i,A_j}^{C_t,C_v} = [0, \alpha, 0, 1-\alpha]$$

ここに m の要素は $[\emptyset, \{similar\}, \{\neg similar\}, \{similar, \neg similar\}]$ の順です．$\alpha \in [0,1]$ で証拠のモデリングのパラメータで，データからの学習によって最適化することもできます．

一方，物質 A_i と物質 A_j のペアの性質が異なる場合に，データから C_t と C_v の類似性に対する証拠の信念割当関数は下記のように定義します[20]．

$$\vec{m}_{A_i,A_j}^{C_t,C_v} = [0, 0, \alpha, 1-\alpha]$$

です．

データは限られているため，データから類似性に対する証拠を抽出できない元素組み合わせ

18 　物質 A_i, A_j の構成原子数が異なっても定義できます．組成 C_t, C_v は 1 元素もしくは 2 元素組み合わせとします．

19 　$[\emptyset, \{similar\}, \{\neg similar\}, \{similar, \neg similar\}]$ の順のベクトル表示で $[0, \alpha, 0, 1-\alpha]$ です．

20 　ベクトル表示で $[0, 0, \alpha, 1-\alpha]$ です．

C_x と C_y も発生することと想定できます．その場合は C_x と C_y 間の類似性についての議論は完全に「情報・証拠の不足」状況にあり，信念割当関数は下記のように定義します．

$$\vec{m}^{C_x,C_y} = [0,0,0,1]$$

このように，データ中のすべての固溶体のペアから，元素の組み合わせのペアの類似性の証拠を適切に得ることができ，信念割当関数も定義することもできます．また，一つの元素の組み合わせのペアの類似性は多数の証拠（$(A_i, A_j) = (a_1, b_1), (a_2, b_2), \ldots, (a_n, b_n)$）を持つ状況も想定できます．その場合，信念構造から

$$\vec{m}^{C_x,C_y} = \vec{m}^{C_x,C_y}_{a_1,b_1} \oplus \vec{m}^{C_x,C_y}_{a_2,b_2} \oplus \cdots \oplus \vec{m}^{C_x,C_y}_{A_n,b_n}$$

により統合された信念割当関数を取得します．

具体的に Dempster の規則により信念割当関数を結合してみます．簡単のため添字の (a_i, b_i) を i と書いて，$\vec{m}_1 = [0, \alpha, 0, 1-\alpha]$，$\vec{m}_2 = [0, \alpha, 0, 1-\alpha]$ とすると $\vec{m}_3 = \vec{m}_1 \oplus \vec{m}_2 = [0, 2\alpha - \alpha^2, 0, (1-\alpha)^2]$ となります．同じ証拠が n 個有る場合は $m_3(\{\text{similar}, \text{dissimilar}\}) = (1-\alpha)^n$ と不明の確信度が小さくなり，$m_3(\{\text{similar}, \text{dissimilar}\})$ の確信度が小さくなった分，$m(\{\text{similar}\})$ の確信度が大きくなります．一方，矛盾した証拠 $\vec{m}_1 = [0, \alpha, 0, 1-\alpha]$，$\vec{m}_4 = [0, 0, \alpha, 1-\alpha]$ を結合した場合は $\vec{m}_5 = (\vec{m}_1 \oplus \vec{m}_4) = [0, \alpha/(1+\alpha), \alpha/(1+\alpha), (1-\alpha)/(1+\alpha)]$ となります．$m_4(\{\text{similar}, \text{dissimilar}\}) - m_1(\{\text{similar}, \text{dissimilar}\}) = \alpha(\alpha+1)/(1-\alpha) < 0$ ですので，不明の確信度が少なくなり，その分を $\{\text{similar}\}$ と $\{\text{dissimilar}\}$ の確信度に割り振ります．このようにして証拠に応じて確信割当関数が更新されていきます．

固溶体の推薦　元素間の信念割合関数を求めましたが，固溶体の推薦には元素間類似度のみを用います．HEA かどうかを推論したい物質 A_l があり，既存物質 A_k に対して元素（組み合わせ）C_t を C_v に置き換えると A_l になるとします．この信念割当関数を $\vec{m}^{A_l}_{A_k, C_t \leftarrow C_v}$ と書きます．元素の類似性の証拠抽出と同様に考え，A_k が HEA の場合は信念割当関数を

$$\vec{m}^{A_l}_{A_k, C_t \leftarrow C_v} = [0, s \times m^{C_t, C_v}(\{\text{similar}\}), 0, 1 - s \times m^{C_t, C_v}(\{\text{similar}\})],$$

と定義します．ここに $\vec{m}^{A_l}_{A_k, C_t \leftarrow C_v}$ は $[\emptyset, \{\text{HEA}\}, \{\neg\text{HEA}\}, \{\text{HEA}, \neg\text{HEA}\}]$ の順序です．A_k が $\neg$ HEA の場合は

$$\vec{m}^{A_l}_{A_k, C_t \leftarrow C_v} = [0, 0, s \times m^{C_t, C_v}(\{\text{similar}\}), 1 - s \times m^{C_t, C_v}(\{\text{similar}\})]$$

と定義します．ここに $s \in [0, 1]$ で，データからの学習によって最適化することもできます．物質 A_l に至る経路は複数あり，これらを証拠統合します．

5.3.2　スクリプトの説明

本スクリプトは 510.050.text.explanation.ipynb に保存されています．

```
import numpy as np # モジュール import
import pandas as pd
```

```
import itertools
from mass_function import MassFunction
```

本スクリプトで用いる MassFunction クラスは [59] から取得しています. 定数 ALPHA が本文で説明した証拠のモデリングのパラメータ α で, 0.1 に固定して用います.

```
ALPHA = 0.1
```

[1] データ収集

{ROOT}/data/HEA_data.AFLOW.csv には元素比が等しい場合の固溶体存在・非存在を含むデータが入っています. データソースは論文 [58] です. それぞれのデータインスタンスには固溶体の元素組み合わせの文字列記述, 元素の one-hot ベクトル記述 (元素が含まれるときは 1, 含まれないときは 0 の値をとるベクトル), 固溶体相が形成されるかどうかの目的変数 (コード中では HEA: 固溶体相を持つ場合と not_HEA: 固溶体相を持っていない場合), 構成元素数が含まれます. ELEMENTS は証拠を集める元素名を書きます.

```
ROOT = ".."
# ファイル読み込み
df_data = pd.read_csv(f"{ROOT}/data/HEA_data.demo.csv", index_col=0)
ELEMENTS = np.array([
    "Ti", "V", "Cr", "Mn", "Fe", "Co", "Ni", "Cu",
    "Zr", "Nb", "Mo", "Tc", "Ru", "Rh", "Pd", "Ag"]) # 使用する元素
```

df_data は各物質の構成元素=1, 非構成元素=0 を含むデータです.

[2] 第一段階：元素間類似度のデータからの学習
信念構造の抽出と統合 関数 MassFunction を用いて信念割当関数を得ます. 以下では $\emptyset$ に対しては確信度は必ず 0 なので省略し, (similar, dissimilar, similar, dissimilar) の順に,

```
MassFunction(source=[({"similar"}, ALPHA)],
             coreset={"similar", "dissimilar"})
```

とすると [ALHPHA, 0, 1-ALPHA] の証拠の信念割当関数が,

```
MassFunction(source=[({"dissimilar"}, ALPHA)],
             coreset={"similar", "dissimilar"})
```

とすると [0, ALPHA, 1-ALPHA] の 証拠の信念割当関数が定義されます.

$m_{A_i,A_j}^{C_t,C_v}$ を計算するために, 物質ペア A_i, A_j が与えられた時にユーザー定義 extract_evidence 関数は C_t, C_v を返します. 共通部分がある alloy_i = ["Ag", "Fe"] と alloy_j = ["Cu", "Fe"] を extract_evidence(alloy_i, alloy_j) として与えると, alloy_i と alloy_j の非共通要素 ({'Ag'}, {'Cu'}) を返します[21]. 共通部分が無い alloy_i=["Fe", "Ag"] と alloy_j=["Ru",

---

21 実際は一度定義すると変更できない集合型である frozenset 型で返します.

"Pd"] では None を返します.

　次のセルで性質が同じ二つの二元物質 AgFe と CuFe のデータ[22]から Ag と Cu の類似性に関する証拠の信念割当関数 $m_{AgFe,CuFe}^{Ag,Cu}$ を抽出します.

```
from ERS_misc import extract_evidence
alloy_i = ["Ag", "Fe"] # A_i の構成元素
query_string = "Ag==1 and Fe==1 and n_element==2"
label_alloy_i = df_data.query(query_string).iloc[0]["Label"] #HEA or not_HEA
alloy_j = ["Cu", "Fe"] # A_j の構成元素
query_string = "Cu==1 and Fe==1 and n_element==2"
label_alloy_j = df_data.query(query_string).iloc[0]["Label"] #HEA or not_HEA
evidence_1 = extract_evidence(frozenset(alloy_i), frozenset(alloy_j))
# evidence_1 は A_i と A_j に共通部分があれば
# A_i の非共通部分 (C_t), A_j の非共通部分 (C_t) を持つ Tuple.
# 共通部分を持たなければ None
if evidence_1 is not None:
    combination_t, combination_v = evidence_1 # C_t, C_v
    if label_alloy_i == label_alloy_j: # ともに HEA, もしくはともに not_HEA
        mass_function_1 = MassFunction(source=[({"similar"},
                                                ALPHA)],
                                       coreset={"similar", "dissimilar"})
    else: # HEA と not_HEA の組み合わせ
        mass_function_1 = MassFunction(source=[({"dissimilar"},
                                                ALPHA)],
                                       coreset={"similar", "dissimilar"})
    print(mass_function_1)
```

```
frozenset('similar'): 0.1, frozenset('dissimilar'): 0, frozenset('similar', 'dissimilar'): 0.9
```

　次の例は, 二つの三元物質 AgPdV と CuPdV は性質が異なる場合です. 次のセルはこの物質ペアに対して Cu と Fe の類似性に関する証拠の信念割当関数 $m_{PdVAg,PdVCu}^{Ag,Cu}$ を抽出し表示します.

```
alloy_i = ["Ag", "Pd", "V"] # A_i 構成元素
query_string = "Ag==1 and Pd==1 and V==1 and n_element==3"
label_alloy_i = df_data.query(query_string).iloc[0]["Label"]
alloy_j = ["Cu", "Pd", "V"] # A_j 構成元素
```

22　どちらも not_HEA です.

```python
query_string = "Cu==1 and Pd==1 and V==1 and n_element==3"
label_alloy_j = df_data.query(query_string).iloc[0]["Label"]
evidence_2 = extract_evidence(frozenset(alloy_i), frozenset(alloy_j))
if evidence_2 is not None: # ともに HEA, もしくはともに not_HEA
    combination_v, similar = evidence_2 # C_t, C_v
    if label_alloy_i == label_alloy_j:
        mass_function_2 = MassFunction(source=[({"similar"},
                                                ALPHA)],
                                       coreset={"similar", "dissimilar"})
    else: # HEA と not_HEA の組み合わせ
        mass_function_2 = MassFunction(source=[({"dissimilar"},
                                                ALPHA)],
                                       coreset={"similar", "dissimilar"})
    print(mass_function_2)
```

```
frozenset('dissimilar'): 0.1, frozenset('similar'): 0, frozenset('similar', 'dissimilar'): 0.9
```

次に，二つの証拠があるので両者の信念構造を結合します．$m_1 \oplus m_2$ は変数 m1 と m2 を MassFunction クラスインスタンスとして m1.combine(m2) で行えます．上で Cu と Fe の類似性に関する二つの証拠の信念割当関数を抽出しました．それらの結合 $m^{Ag,Au}_{FeAg,FeCu} \oplus m^{Ag,Cu}_{PdVAg,PdVCu}$ を行いベクトルで表記します．

```python
combined_mass_function = mass_function_1.combine(mass_function_2)
print(combined_mass_function)
```

```
frozenset('similar'): 0.09090909090909091, frozenset('dissimilar'): 0.09090909090909091,
frozenset('similar', 'dissimilar'): 0.8181818181818181
```

上で Cu と Fe のペアに対して行ったように，データに含まれているすべての物質ペアに対してあり得る証拠を抽出します．データフレーム経由なのでやや複雑になっていますが，itertools.combinations のループがあること以外は前二つのセルとほぼ同じです．次のセルで変数 mass_functions は $[C_t, C_v, m^{C_t, C_v}]$ のリストが入ります．

```python
import progressbar
nall = int(df_data.shape[0]*(df_data.shape[0]-1)/2)
bar = progressbar.ProgressBar(max_value=nall) # progressbar の最大 index の定義
# データインスタンスから二物質を選ぶ.
iteration = itertools.combinations(df_data.index.values, 2)
mass_functions = []
```

169

```python
for i, (index_alloy_i, index_alloy_j) in enumerate(iteration):
    bar.update(i+1)
    df_alloy_i = df_data.loc[index_alloy_i]
    df_alloy_j = df_data.loc[index_alloy_j]
    alloy_i = ELEMENTS[df_alloy_i[ELEMENTS].values == 1].tolist() # A_i
    label_alloy_i = df_alloy_i["Label"]
    alloy_j = ELEMENTS[df_alloy_j[ELEMENTS].values == 1].tolist() # A_j
    label_alloy_j = df_alloy_j["Label"]
    evidence = extract_evidence(frozenset(alloy_i), frozenset(alloy_j))
    if evidence is not None: # ともに HEA, もしくはともに not_HEA
        combination_t, combination_v = evidence # C_t, C_v
        if label_alloy_i == label_alloy_j:
            mass_function = MassFunction(source=[({"similar"},
                                                  ALPHA)],
                                         coreset={"similar", "dissimilar"})
        else: # HEA と not_HEA の組み合わせ
            mass_function = MassFunction(source=[({"dissimilar"},
                                                  ALPHA)],
                                         coreset={"similar", "dissimilar"})
        mass_functions.append([combination_t, combination_v, mass_function])
```

　抽出され，MassFunction.combine を用いて信念構造の結合を行い，統合されたデータに含まれている全ての元素ペアの類似性を類似度行列[23]に変換します．m^{C_t, C_v} の [{similar}, {dissimilar}, {similar, dissimilar}] の各要素がデータフレーム df_similarity, df_dissimilarity, df_unknown に変換されます．これらのデータフレームは，二つまでのあり得る元素組み合わせをデータフレームの index と columns に持っています．

```python
from ERS_misc import make_similarity_df
df_similarity, df_dissimilarity, df_unknown = make_similarity_df(ELEMENTS,
                                                                 mass_functions)
# 問題 2 で用いるための結果の保存
import os
outputdir = "data_executed"
df_similarity.to_csv(os.path.join(outputdir,"elements_similarity.csv"))
df_dissimilarity.to_csv(os.path.join(outputdir,"elements_dissimilarity.csv"))
df_unknown.to_csv(os.path.join(outputdir,"elements_unknown.csv"))
```

23　類似行列とも呼びます．

170

結果解釈 得られた元素間の類似度行列 m^{C_v, C_t} をユーザー定義 plot_similarity_matrix 関数で可視化します．なおこの関数は一元素間の関係のみを表します． ブロックで似ているのは

- V-Cr-Mn-Fe 間: 3d
- Fe-Co-Ni 間: 3d
- Co-Ni-Cu 間:: 3d
- Fe-Co-Ni-Cu と Ru-Rh-Pd の間: 主として 7-10 族.
- V-Cr と Nb-Mo の間: 5 族.

という結果が得られました．3d 元素が横にいくつかのブロックを持ち似ている，いくつかの族は 3d と 4d で似ている，とまとめられます．またこの中では Tc と Ag は似ている元素が存在しません．

```
from ERS_misc import plot_similarity_matrix
plot_similarity_matrix(df_similarity, ELEMENTS)
```

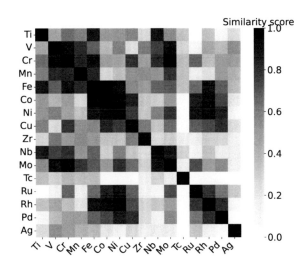

図 5.9 一元素間類似度行列

[3] 第二段階：物質間の特徴存在類似度のデータからの学習

二元素までの元素間の類似度行列（df_similarity）のみを用いてユーザー定義 extract_HEA_evidence 関数により，物質 A_k から新しく想定された物質 A_{new} に対して固溶体が存在する証拠の信念割当関数を抽出します．その際に定数 SCALE をもう一つの証拠のモデリングのパラメータとして原子間類似度に掛けて用います．証拠が少ない場合に不明の確信度が増えるように，ここでは 0.1 に固定します[24].

---

24 天下りですが，推薦を高速に行えるように別途選択しました．

```
SCALE = 0.1
```

　元素間類似度行列を用いて A_l =FeMnCoNi についての証拠を求めます．既存データに含まれる元物質 A_k から置換により候補 A_l に至る経路はいくつかあります．例えば，

1. A_k=CoCrMn $\to$ C_t =Cr を C_v =FeNi に置換　　$\to$ 候補 FeMnCoNi
2. A_k=FeCrCoNi $\to$ C_t =Cr を C_v =Mn に置換　　$\to$ 候補 FeMnCoNi

という経路があります．以下ではこれら二つの証拠を得て，最後に二つの証拠の信頼割当関数を結合します．

　既存データに含まれる四元物質 A_k=CoCrFeNi は固溶体です．

```
candidate = ["Fe", "Mn", "Co", "Ni"] # 置換後の四元物質
```

この物質からスタートし，類似度行列を用いて四元物質候補 FeMnCoNi についての証拠を求めます．extract_HEA_evidence は $m^{候補}_{A_k, C_t \leftarrow C_v}$ に対して，A_k=CoCrMn と候補=FeMnCoNi が与えられると C_t=Cr と C_v=FeNi を返すユーザー定義関数です．

```
from ERS_misc import extract_HEA_evidence
alloy_k = ["Co", "Cr", "Fe", "Ni"] # A_k
qstr = "combination=='{}'".format("".join(alloy_k)) # 検索文
label_alloy_k = df_data.query(qstr).iloc[0]["Label"] # HEA or not_HEA
# 共通部分があれば非共通部分を出力. もしくは None.
evidence_1 = extract_HEA_evidence(frozenset(candidate), frozenset(alloy_k))
if evidence_1 is not None:
    combination_t, combination_v = evidence_1 # C_t, C_v
    # df_similarity の index, column の形式に変換
    index_t = "|".join(sorted(combination_t))
    # df_similarity の index, column の形式に変換
    index_v = "|".join(sorted(combination_v))
    # (C_t, C_v) の元素間類似度
    similar_score = df_similarity.loc[index_t, index_v]
    # label_alloy_k を元に similar_score*SCALE で信念割当関数を作成
    mass_function_1 = MassFunction(source=[({label_alloy_k},
                                  similar_score*SCALE)],
                                coreset={"HEA", "not_HEA"})

    print(mass_function_1)
```

```
frozenset('HEA'): 0.08230415670584258, frozenset('not_HEA'): 0,
frozenset('HEA', 'not_HEA'): 0.9176958432941574
```

　一方，既存データに含まれる三元物質 A_k=CoCrMn は固溶体ではありません．この物質から

スタートし，類似度行列を用いて四元物質候補 FeMnCoNi についての証拠を求めます．

```
alloy_k = ["Co", "Cr", "Mn"]
qstr = "combination=='{}'".format("".join(alloy_k))
label_alloy_k = df_data.query(qstr).iloc[0]["Label"]
evidence_2 = extract_HEA_evidence(frozenset(candidate), frozenset(alloy_k))
if evidence_2 is not None:
    combination_t, combination_v = evidence_2
    index_t = "|".join(sorted(combination_t))
    index_v = "|".join(sorted(combination_v))
    similar_score = df_similarity.loc[index_t, index_v]
    mass_function_2 = MassFunction(source=[({label_alloy_k},
                                   similar_score*SCALE)],
                              coreset={"HEA", "not_HEA"})
    print(mass_function_2)
```

```
frozenset('not_HEA'): 0.01799985239973432, frozenset('HEA'): 0,
frozenset('HEA', 'not_HEA'): 0.9820001476002657
```

三元物質データから四元物質候補に対して推薦できるのはここで紹介する手法の特徴です．
　最後に物質 FeMnCoNi についての二つの証拠の信頼割当関数を結合します．

```
combined_mass_function = mass_function_1.combine(mass_function_2)
print(combined_mass_function)
```

```
frozenset('HEA'): 0.08094260748486372, frozenset('not_HEA'): 0.016542897412157143,
frozenset('HEA', 'not_HEA'): 0.9025144951029792
```

本文では FeCrCoNi と CoCrMn とだけから FeMnCoNi の固溶体が存在する証拠の信念割当関数の値を評価しました．本文では証拠は二つしかありませんので，不明の確信度が大きな値になりました．全可能性を用いた場合（全証拠を統合した場合）は演習問題 2 で行います．全証拠を統合すると，どの程度 HEA もしくは ¬ HEA の確信度が大きくなるのかを確認してください．

5.3.3 演習問題

問題1

　本文で生成した df_dissimilarity を元素間非類似度行列，df_unknown を元素間類似度不明行列と呼ぶことにします．これらの一元素間の関係を可視化し，元素間非類似度行列と合わせて結果解釈をしてください．

解答　510.110.answers.vis.ipynb.ipynb がこれを行います．図 5.10 に示します．本文では Tc と Ag は似た元素が無いという説明をしました．これの意味することは Tc，Ag を含むと他の元素との組み合わせと異なり固溶体が存在する・存在しない両方の物質があるという意味でしょうか．

　まず元素 Ag を見てきます．　元素間非類似度行列によると Ag は Similarity score が大きな元素が存在します．これからは Ag は混ぜるとこれら元素とは固溶体相の存在に関して異なった特徴を持つということを意味します．

　次に元素 Tc を見ます．　元素間非類似度行列を見ても Tc は Similarity score が大きな元素が存在しません．元素間類似度不明行列を見ると，そうではなくデータが無いということを意味するようです．元データ (df_data) の Tc の存在頻度を図 5.11 に示します．このデータの平均出現頻度は 80 ですが，Tc はわずか五件しかデータが無く大きく出現頻が低いことが分かります．更に，元素間非類似度行列によると (Ti, Zr, Nb) と (Ru,, Rh, Pd, Ag) 間のデータも少ないことが分かります．次に少ない元素は Zr ですが，Zr-4d 元素間の不明の確信度のみが高くなっています．Ti, Nb も同様です．Nb は出現頻度だけでしたら，ほぼ平均値ですが 4d 元素との間の不明確信度が高い値を持ちます．このように，ある単一元素の出現頻度が小さくてもある特定元素組み合わせに対して不明の確信度が小さい場合，逆にある単一元素の出現頻度が大きくてもある特定元素組み合わせに対して不明の確信度が大きい場合もあります．証拠理論では類似・非類似・不明と三通りの確信度を証拠の矛盾を考慮しながら直接評価できる点が大きな利点です．

問題 2

　候補物質を FeMnCoTi, FeMnCoCu, FeMnCoV, FeMnCoCr, FeMnCoNi とします．存在・非存在データ内の全ての A_k と元素類似度行列による元素置換の組み合わせが候補物質となる全て元素置換経路に関する証拠を統合して信頼割当関数（変数 final_decisions）を抽出してください．

　本文の処方箋に従うと $m^{候補}_{A_k, C_t \leftarrow C_v}$ に対して，

1. 候補（例）=FeMnCoNi に対して
2. 全ての A_k を本文の df_data から得て
3. 置換元素ペア C_t, C_v が存在したら
4. 元素間類似度行列から mass_function を計算して

```
MassFunction.combine(mass_function)
```

により全ての証拠を統合します．

解答　510.120.answers.recommendation がこれを行います．（本文スクリプトで保存する元素間類似度行列を用いるので 510.050.text.explanation.ipynb を最初に実行してください．）

　結果をまとめて図 5.12 に示します．FeMnCoNi の「固溶体が存在する」に対する確信度が 64.3% で最も高い値となりました．また，「固溶体が存在しない」が 12.5%，「情報・証拠の不足」が 23.2% です．　検証のために合成実験を行った FeMnCoNi, FeMnCoCr, FeMnCoCu の

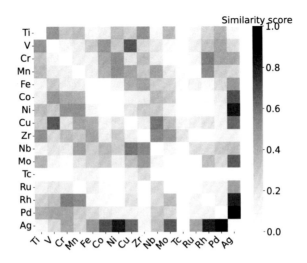

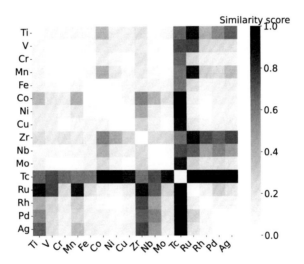

図 5.10　元素間非類似度行列（上）と元素間類似度不明行列（下）の heapmap

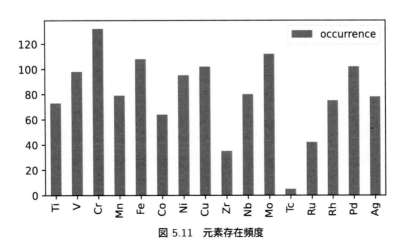

図 5.11　元素存在頻度

うち FeMnCoNi で固溶体相が見つかりました．[57] FeMnCoCu は「固溶体が存在しない」に
対する確信度が大きい物質なので固溶体相が見つからないのは妥当な結果なのでしょう．また，
FeMnCoCr や FeMnCoTi のようにデータが「固溶体が存在しない」というより「情報・証拠の
不足」を示すことは，統合する証拠が無かったために関連物質の探索があまり進んでいないこと
も同時に意味してくれます．未踏領域物質探索を積極的に行いたい方はそちらの方が興味ある情
報かもしれません[25]．

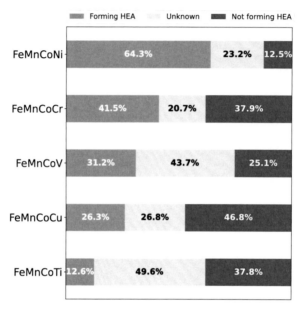

図 5.12　証拠理論を用いた FeMnCoTi, FeMnCoCu, FeMnCoV, FeMnCoCr, FeMnCoNi に対する
固溶体の推薦

　四，五元以上の元素からなる固溶体はハイエントロピー合金とも呼ばれ機械的な変形および破
壊に関する諸性質の優秀さから注目が集まりました[26]．多元素が交じることが物性に与える効果
はカクテル効果とも呼ばれ，元素組み合わせや組成を変えた膨大な数の未知物質が存在すること
から近年注目が集まっています．しかし，膨大な数の全ての物質を合成し実験を行うことは不可
能に近いことです．また，大型計算機を用いた第一原理電子状態計算によってこれらの物質の物
性値の網羅計算も行われてはいますが [31]，その候補数の多さから全てを計算することは困難で
す．このため理論・実験双方の物質探索は構成元素数が少ない物質から順に探索していくことに
なります．
　現状では，多元素物質の物性値を知りたいにも関わらず多くあるデータは少元素物質に対して
最も知りたい多元素物質のデータが少ない，という状況です．ならばデータ解析学により予測が
行えるだろうと過度な期待をするかもしれません．しかし，そもそも該当するデータがなければ

25　この意味ではベイズ最適化と似た使い方もできます．

26　四元系は中エントロピー合金と呼ぶ場合もあります．

妥当な予測を行うことはできません．そのためにベイズ最適化などの強化学習手法を用いて効率的にデータ収集を行いながら物質空間を探索するのです．本節で紹介した証拠理論を用いた推薦システムはこの困難を乗り越える一つの方法であり，少元素物質から多元素物質の推薦を行うことができるためデータが少ない多元素物質の固溶体の推薦に対して 4.7 節で紹介した形の推薦システムを圧倒する性能を持ちます [57].

　この手法は少数要素から複数要素に適用し推薦ができるため適用範囲が広い手法で，「情報・証拠の不足」も同時に示すので未探索領域が分かるという利点も持ちます．何かの類似度・非類似度を評価するための複数要素を定義できれば実行できるので，この手法は多くのデータに適用可能でしょう．

付録

A.1 本書で使用した主な scikit-learn のクラスと関数

本書で使用した主な scikit-learn のクラスと関数をまとめておきます．まず，変数名の説明を行います．観測データに対して

- Xraw: (N, P) の配列．規格化していないしていない説明変数．
- X: (N, P) の配列．規格化済み説明変数．
- y: (N) の配列．目的変数．

訓練データ，テストデータに分ける場合は

- Xtrain: (N_{train}, P) の配列，訓練データの説明変数
- ytrain: (N_{train}) の配列，訓練データの目的変数
- Xtrain: (N_{train}, P) の配列，テストデータの説明変数
- ytest: (N_{train}) の配列，テストデータの目的変数

予測値に対しては

- yptestp: (N_{train}) の配列，テストデータの目的変数予測値

とします．

A.1.1 回帰

[1] 規格化
- 規格化 (StandardScaler)

```
from sklearn.preprocessing import StandardScaler
scaler = StandardScaler()
scaler.fit(Xraw)
X = scaler.transform(Xraw)
```

[2] データ分割
- 訓練データとテストデータの分割

```
from sklearn.model_selection import train_test_split
Xtrain, Xtest, ytrain, ytest = train_test_split(X, y, test_size=0.25)
```

- 10 回交差検定

```
from sklearn.model_selection import KFold
kf = KFold(n_splits=10, shuffle=True)
for train_index, test_index in kf.split(X):
```

```
    Xtrain = X[train_index]
    Xtest = X[test_index]
    ytrain = y[train_index]
    ytest = y[test_index]
```

[3]　線形回帰
- 線形回帰と予測値の計算，R^2 の計算

```
from sklearn.linear_model import LinearRegression
reg = LinearRegression()
reg.fit(Xtrain, ytrain)
ytestp = reg.predict(Xtest)
r2_score = reg.score(Xtest, ytest)
```

- ハイパーパラメタ alpha を与えた リッジ回帰と予測値の計算，R^2 の計算

```
from sklearn.linear_model import Ridge
reg = Ridge(alpha=alpha)
reg.fit(Xtrain, ytrain)
ytestp = reg.predict(Xtest)
r2_score = reg.score(Xtest, ytest)
```

- ハイパーパラメタ alpha を与えた Lasso と予測値の計算，R^2 の計算

```
from sklearn.linear_model import Lasso
reg = Lasso(alpha=alpha)
reg.fit(Xtrain, ytrain)
ytestp = reg.predict(Xtest)
r2_score = reg.score(Xtest, ytest)
```

次で示す通り，r2_score は sklearn.metrics クラスからも使用可能です．

[4]　性能指標
- ytest と ytestp が与えられた時の RMSE, MAE, R^2 の計算

```
from sklearn.metrics import mean_squared_error
from sklearn.metrics import mean_absolute_error
from sklearn.metrics import r2_score
rmse = np.sqrt(mean_squared_error(ytest, ytestp))
```

```
mae = mean_absolute_error(ytest, ytestp)
r2_score = r2_score(ytest, ytestp)
```

reg.score(Xtest,ytest) と r2_score(ytest,ytestp) は同じ値を返します.

[5]　ハイパーパラメタの自動決定を行う回帰関数
線形回帰

- 10 回交差検定を行う LassoCV の利用方法

```
from sklearn.linear_model import LassoCV
from sklearn.model_selection import KFold
kf = KFold(n_splits=10, shuffle=True)
reg = LassoCV(cv=kf)
reg.fit(X, y)
```

10 回交差検定を用いて最適なハイパーパラメタを決定します.　最後に全観測データ (X, y) を用いて一つのリッジ回帰モデルを生成します.

- 10 回交差検定を行う RidgeCV の利用方法

```
from sklearn.linear_model import RidgeCV
from sklearn.model_selection import KFold
kf = KFold(n_splits=10, shuffle=True)
reg = RidgeCV(cv=kf)
reg.fit(X, y)
```

- 回帰クラスインスタンス reg を用いた予測と R^2 の計算法

```
yp = reg.predict(X)
r2_score = reg.score(X, y)
```

カーネルリッジ回帰

- GridSearchCV による RBF カーネルを用いたカーネルリッジのハイパーパラメタ最適化

```
from sklearn.model_selection import KFold
from sklearn.kernel_ridge import KernelRidge
from sklearn.model_selection import GridSearchCV
kf = KFold(10, shuffle=True)
estimator = KernelRidge(alpha=1, gamma=1, kernel="rbf")
```

```
reg = GridSearchCV(estimator,
                   cv=kf, param_grid={"alpha": np.logspace(-6, 0, 12),
                                      "gamma": np.logspace(-4, 0, 13)})
reg.fit(X, y)
```

10 回交差検定を用いて最適なハイパーパラメタを決定します．上の KernelRidge(alpha=1, gamma=1, ...) の alpha と gamma は初期値で，設定しなくても初期値が代入されます．reg.fit() によりそれらの値が最適化されます．GridSearchCV の処理が終了すると reg.best_params_ に最適な alpha と gamma が値が入ります．

```
print(kr.best_params_)
```

```
{'alpha': 0.015848931924611114, 'gamma': 1.0}
```

この関数は最後に (X,y) を用いて一つのカーネルリッジ回帰モデルを生成するので reg.predict() と reg.score() を呼ぶことができます．全データを用いて R^2 を計算する場合は以下になります．

```
yp = reg.predict(X)
r2_score = reg.score(X, y)
```

A.1.2 次元圧縮

三次元に次元圧縮する場合の例を示します．

- PCA

```
from sklearn.decomposition import PCA
pca = PCA(3)
pca.fit(X)
X_pca  = pca.transform(X)
```

- MDS

```
from sklearn.manifold import MDS
red = MDS(3)
X_red = red.fit_transform(X)
```

- t-SNE

```
from sklearn.manifold import TSNE
red = TSNE(3)
```

```
X_red = red.fit_transform(X)
```

A.1.3 分類

- ロジスティック回帰

```
from sklearn.linear_model import LogisticRegression
cls = LogisticRegression("L1", C=C, fit_intercept=True)
cls.fit(X)
ypred = cls.predict(X)
```

線形回帰にあった*CV 関数に対応する sklearn.linear_model.LogisticRegressionCV も利用可能です.

- 分類指標

```
from sklearn.metrics import accuracy_score
score = accuracy_score(y, ypred)
```

- 混同行列

```
from sklearn.metrics import confusion_matrix
cm = confusion_matrix(y, ypred, labels=cls.classes_)  # DataFrame を返す
display(cm)  # jupyter notebook での DataFrame の表示の仕方
```

- classification report

```
from sklearn.metrics import classification_report
msg = classification_report(y, ypred)  # 文字列を返す
print(msg)
```

- 評価指標値

```
from sklearn.metrics import precision_score, recall_score, f1_score
prec = precision_score(y, ypred, average=None)
recall = recall_score(y, ypred, average=None)
f1 = f1_score(y, ypred, average=None)
```

評価指標値がクラスごとに numpy array の形で与えられます. average="weighted"とするとそ

れらの加重平均値が与えられます[1].

A.1.4 クラスタリング

以下ではクラスター数を 3 としています.

- Kmeans

```
from sklearn.cluster import KMeans
km = KMeans(n_clusters=3)
km.fit(X)
yp_km = km.predict(X)
```

- ガウス混合法

```
from sklearn.mixture import GaussianMixture
gmm = GaussianMixture(n_components=3)
gmm.fit(X)
yp_gmm = gmm.predict(X)
yproba_gmm = gmm.predict_proba(X)
```

- 階層クラスタリング

```
from scipy.cluster.hierarchy import dendrogram, linkage
Z = linkage(X)
dendrogram(Z)
```

次の例は data 説明時に用いた,階層クラスタリングのより一般的な形です.

```
X = scaler.fit_transform(Xraw)
df_tmp = pd.DataFrame(X)
corr = 1 - np.abs(df_tmp.corr())   # Pearson's correlation
pairdistance = squareform(corr)    # linkage() に与える一次元型へ変換する.
Z = linkage(pairdistance)
```

---

1 平均適合率 (average precision, mean average precision) という言葉がありますが,これは適合率 (precision) の CV での平均値という意味ではありません.

参考文献

[1] 木野 日織, ダム ヒョウ チ, "Orange Data Mining ではじめる マテリアルズインフォマティクス", 近代科学社 (2021/5/28).

[2] http://scikitlearn.org/

[3] https://knimeinfocom.jp/

[4] https://orangedatamining.com/

[5] Tony Hey, "The Fourth Paradigm: Data-intensive Scientific Discovery", Microsoft Pr (2009).

[6] Pedro Domingos, "The Master Algorithm: How the Quest for the Ultimate Learning Machine Will Remake Our World", Penguin (2017).

[7] https://www.deepmind.com/research/highlighted-research/alphago

[8] Jörg Behler, "Atom-centered symmetry functions for constructing high-dimensional neural network potentials", J. Chem. Phys. 134, 074106 (2011).

[9] Duong-Nguyen Nguyen, Tien-Lam Pham, Viet-Cuong Nguyen, Hiori Kino, Takashi Miyake and Hieu-Chi Dam, "Ensemble learning reveals dissimilarity between rare-earth transition-metal binary alloys with respect to the Curie temperature", J. Phys. Mater. 2 034009 (2019).

[10] 「パターン認識と機械学習 上」「パターン認識と機械学習 下」, C.M. ビショップ, 丸善出版 (2012).

[11] https://scikit-learn.org/の sklearn.neighbors.DistanceMetric クラスの説明

[12] 異なる分け方に以下があります. Keith T. Butler, Daniel W. Davies, Hugh Cartwright, Olexandr Isayev and Aron Walsh, "Machine learning for molecular and materials science", Nature, 559, 547 (2018).

[13] Lauri Himanen, Marc O. J. Jäger, Eiaki V. Morooka, Filippo Federici Canova, Yashasvi S. Ranawat, David Z. Gao, Patrick Rinke, Adam S.Foster. DScribe: Library of descriptors for machine learning in materials science. Computer Physics Communications, 247, 106949 (2020).

[14] Tim Mueller, Alberto Hernandez, Chuhong Wang. Machine learning for interatomic potential models. J. Chem. Phys. 152, 050902 (2020).

[15] 「分析者のためのデータ解釈学入門 データの本質をとらえる技術」 江崎貴裕, ソシム (2020/12/15)

[16] João Tapadinhas, Gartner (Jun 10, 2014), https://www.slideshare.net/sucesuminas/business-analytics-from-basics-to-value.

[17] http://crystdb.nims.go.jp/ (June, 28, 2017), Yibin Xu, Masayoshi Yamazaki, and Pierre Villars: Inorganic Materials Database for Exploring the Nature of Material: Jpn. J. Appl. Phys. 50, 11RH02 (2011).

[18] Hieu Chi Dam, Viet Cuong Nguyen, Tien Lam Pham, Anh Tuan Nguyen, Kiyoyuki Terakura, Takashi Miyake, and Hiori Kino, J. Phys. Soc. Jpn. 87, 113801 (2018).

[19] 量子数関連説明変数の例は, Jens Jensen and Allan R. Mackintosh, "Rare Earth Magnetism, Structures and Excitations", Clarendon Press, Oxford (1991).

[20] siesta: https://departments.icmab.es/leem/siesta/

[21] Jörg Behler and Michele Parrinello, Generalized Neural-Network Representation of High-Dimensional Potential-Energy Surfaces, Phys. Rev. Lett. 98, 146401 (2007).

[22] Makito Takagi, Tetsuya Taketsugu, Hiori Kino, Yoshitaka Tateyama, Kiyoyuki Terakura, and Satoshi Maeda, "Global search for low-lying crystal structures using the artificial force induced reaction method: A case study on carbon", Phys. Rev. B 95, 184110 (2017).

[23] Atsuto Seko, Akira Takahashi, and Isao Tanaka, Sparse representation for a potential energy surface Phys. Rev. B 90, 024101 (2014).

[24] http://www.xcrysden.org/

[25] A. Kokalj, Computer graphics and graphical user interfaces as tools in simulations of matter at the atomic scale, Comp. Mater. Sci., 28, 155 (2003).

[26] A. Kokalj, XCrySDen–a new program for displaying crystalline structures and electron densities, J. Mol. Graphics Modelling, 17, 176 (1999).

[27] A. Kokalj and M. Causà, Scientific Visualization in Computational Quantum Chemistry, Proceedings of High Performance Graphics Systems and Applications European Workshop, Bologna, Italy, 51–54 (2000)

[28] Luca M. Ghiringhelli, Jan Vybiral, Sergey V. Levchenko, Claudia Draxl, and Matthias Scheffler, "Big Data of Materials Science: Critical Role of the Descriptor", Phys. Rev. Lett. 114, 105503 (2015).

[29] 例えば Fe に関して https://en.wikipedia.org/wiki/Iron

[30] A. Jain S.P. Ong, G. Hautier, W. Chen, W.D. Richards, S. Dacek, S. Cholia, D. Gunter, D. Skinner, G. Ceder, K.A. Persson, "The Materials Project: A materials genome approach to accelerating materials

innovation", APL Materials, 1, 011002 (2013).

[31] T. Fukushima, H. Akai, T. Chikyow, and H. Kino, "Automatic exhaustive calculations of large material space by Korringa-Kohn-Rostoker coherent potential approximation method applied to equiatomic quaternary high entropy alloys", Phys. Rev. Materials 6, 023802 (2022).

[32] Giulio Imbalzano, Andrea Anelli, Daniele Giofré, Sinja Klees, Jörg Behler, and Michele Ceriotti, "Automatic selection of atomic fingerprints and reference configurations for machine-learning potentials", J. Chem. Phys. 148, 241730 (2018).

[33] 文字 L は https://commons.wikimedia.org/wiki/File:Old_English_typeface.svg から取得しました.

[34] Yoshinori Nakanishi-Ohno and Yuichi Yamasak, "Multiplication Method for Fine-Tuning Regularization Parameter of a Sparse Modeling Technique Tentatively Optimized via Cross Validation", Journal of the Physical Society of Japan 89, 094804 (2020).

[35] Mareki Honma, Kazunori, Akiyama, Fumie Tazaki, Kazuki Kuramochi, Shiro Ikeda, Kazuhiro Hada, and Makoto Uemura, "Imaging black holes with sparse modeling", Journal of Physics: Conference Series, 699, 012006, (2016).

[36] The Astrophysical Journal Letters, Volume 875, Number 1 (2019).

[37] 日本語フォントは「筆文字フリー素材集」 http://fudemoji-free.com/ から取得しました.

[38] Terence Parr, Kerem Turgutlu, Christopher Csiszar, and Jeremy Howard, "Beware Default Random Forest Importances Brought to you by explained.ai" March 26, 2018. https://explained.ai/rf-importance/

[39] Éloi Zablocki, Hédi Ben-Younes, Patrick Pérez, Matthieu Cord, "Explainability of vision-based autonomous driving systems: Review and challenges", arXiv:2101.05307.

[40] Kenji Nagata, Jun Kitazono, Shin-ichi Nakajima, Satoshi Eifuku, Ryoi Tamura and Masato Okada, "An exhaustive search and stability of sparse estimation for feature selection problem", IPSJ Transactions on Mathematical Modeling and Its Applications, 8, 23, (2015).

[41] Tatsu Kuwatani, Kenji Nagata, Masato Okada, Takahiro Watanabe, Yasumasa Ogawa, Takeshi Komai and Noriyoshi Tsuchiya, "Machine-learning techniques for geochemical discrimination of 2011 Tohoku tsunami deposits", Scientific Reports 4, 7077 (2014).

[42] H Ichikawa, J Kitazono, K Nagata, A Manda, K Shimamura, R Sakuta, M Okada, MK Yamaguchi,S Kanazawa and R Kakigi, "Novel method to classify hemodynamic response obtained using multi-channel fNIRS measurements into two groups: exploring the combinations of channels" Front. Hum. Neurosci. 8:480. doi: 10.3389/fnhum.2014.00480.

[43] Silviu-Marian Udrescu, Max Tegmark, "AI Feynman: A physics-inspired method for symbolic regression", Science Advances, 6, eaay2631 (2020).

[44] 解析者が説明変数を選択できる形として https://github.com/Hitoshi-FUJII/LIDG.

[45] Atsuto Seko, Hiroyuki Hayashi, Hisashi Kashima, Isao Tanaka, "Matrix- and tensor-based recommender systems for the discovery of currently unknown inorganic compounds", Phys. Rev. Materials 2, 013805 (2018), DOI: https://doi.org/10.1103/PhysRevMaterials.2.013805

[46] http://www.crystallography.net/cod/

[47] Vahe Tshitoyan, John Dagdelen, Leigh Weston, Alexander Dunn, Ziqin Rong, Olga Kononova, Kristin A. Persson, Gerbrand Ceder, Anubhav Jain, "Unsupervised word embeddings capture latent knowledge from materials science literature", Nature, 571, 95 (2019).

[48] an Hatakeyama-Sato, Kenichi Oyaizu, "Integrating multiple materials science projects in a single neural network" K Communications Materials, 1, 49 (2020).

[49] https://en.wikipedia.org/wiki/Association_rule_learning

[50] https://www.kamishima.net/archive/freqpat.pdf

[51] https://en.wikipedia.org/wiki/Superconductivity

[52] LCM: http://research.nii.ac.jp/~uno/code/lcm.html

[53] Paul Shannon, Andrew Markiel, Owen Ozier, Nitin S. Baliga,and Jonathan T. Wang, Daniel Ramage, Nada Amin, Benno Schwikowski, Trey Ideker, "Cytoscape: a software environment for integrated models of biomolecular interaction networks", Genome research, 13, 2498 (2003).

[54] G. Shafer, "A Mathematical Theory of Evidence", Princeton University Press (1976).

[55] T. Inagaki, "Dempster-Shafer theory and its applications", K. B. Misra (ed.), New Trends in System Reliability Evaluation, Elsevier Science Publishers, pp. 587-624, 1994.

[56] 稲垣敏之, 伊藤誠, "証拠理論", 日本ファジィ学会誌, 10, 445 (1998).

[57] Minh-Quyet Ha, Duong-Nguyen Nguyen, Viet-Cuong Nguyen, Hiori Kino, Takashi Miyake, and Hieu-Chi Dam, "Evidence-based recommender system for high-entropy alloys", Nature Computational Science, 1, 470 (2021).

187

[58] Y. Lederer, C. Toher, K. S. Vecchio, and S. Curtarolo, "The search for high entropy alloys: A high-throughput ab-initio ap- proach," Acta Materialia 159, 364 (2018).

[59] https://github.com/reineking/pyds

索引

著者紹介

木野 日織 (きの ひおり)

1991年　東京大学理学部物理学科卒
1996年　東京大学大学院理学系研究科博士課程卒（理学博士）
1996年　東京大学物性研究所物性理論部門助手などを経て2002年から（国）物質・材料研究機構に勤務する.
2015年からの国立研究開発法人科学技術振興機構（JST）イノベーションハブ構築支援事業の一環として（国）物質・材料研究機構に情報統合型物質・材料開発イニシアティブ（MI2I）発足時からデータマイニングを行う. データ駆動AIでは物性物理の知識を活かした説明・解釈可能なAI技術, 第一原理計算によるデータ生成, そのための知識駆動AI技術などに興味を持つ.

DAM Hieu-Chi (だむ ひょうち)

1998年　東京大学理学部物理学科卒
2003年　北陸先端科学技術大学院大学材料科学研究科物性科学専攻博士号
2005年10月から北陸先端科学技術大学院大学知識科学研究科講師. 2011年4月から同テニュア付准教授.
2020年10月から北陸先端科学技術大学院大学知識科学系教授.
2022年4月から北陸先端科学技術大学院大学共創インテリジェンス研究領域教授.
学位は材料科学で取得. 2005年から材料科学とデータマイニングの融合に身を投じている. 専門分野は材料科学, 知識科学, 計算材料科学, データサイエンス, マテリアルズインフォマティクス. データ駆動型アプローチを用いた知識抽出など, 証拠理論を用いた類似度評価に興味があり, 材料科学研究のための説明・解釈可能なAI技術の開発に取り組む.

◎本書スタッフ
編集長：石井 沙知
編集：伊藤 雅英
組版協力：阿瀬 はる美
表紙デザイン：tplot.inc 中沢 岳志
技術開発・システム支援：インプレスR&D NextPublishingセンター

●本書に記載されている会社名・製品名等は, 一般に各社の登録商標または商標です. 本文中の©, ®, TM等の表示は省略しています.
●本書は『Pythonではじめるマテリアルズインフォマティクス』（ISBN：9784764960466）にカバーをつけたものです.

●本書の内容についてのお問い合わせ先
近代科学社Digital　メール窓口
kdd-info@kindaikagaku.co.jp
件名に「『本書名』問い合わせ係」と明記してお送りください.
電話やFAX, 郵便でのご質問にはお答えできません. 返信までには, しばらくお時間をいただく場合があります. なお, 本書の範囲を超えるご質問にはお答えしかねますので, あらかじめご了承ください.

Pythonではじめる
マテリアルズインフォマティクス

2022年9月23日　初版発行Ver.1.0
2024年2月29日　Ver.1.1

著　者　木野 日織, ダム ヒョウ チ
発行人　大塚 浩昭
発　行　近代科学社Digital
販　売　株式会社 近代科学社
　　　　〒101-0051
　　　　東京都千代田区神田神保町1丁目105番地
　　　　https://www.kindaikagaku.co.jp

印刷・製本　京葉流通倉庫株式会社
Printed in Japan
ISBN978-4-7649-0684-6

近代科学社 **Digital** は、株式会社近代科学社が推進する21世紀型の理工系出版レーベルです。デジタルパワーを積極活用することで、オンデマンド型のスピーディでサステナブルな出版モデルを提案します。

近代科学社 Digital は株式会社インプレス R&D が開発したデジタルファースト出版プラットフォーム "NextPublishing" との協業で実現しています。